KB037770

우주의 문은
그냥 열리지
않았다

SPACE CHALLENGE
꿈과 열정의 이야기

우주의 문은 그냥 열리지 않았다

★

강진원 · 노형일 지음

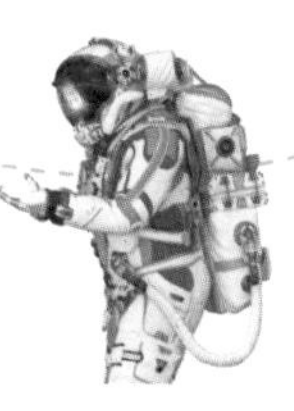

푸른영토

추천사

국적을 뛰어 넘는 희망과 감동의 스토리

신성철 | 전 KAIST 총장

과거 우주 개발이 소수 엘리트 과학자들과 선진국만이 주도하는 거대 과학의 상징이었다면, 새로 등장한 우주 개발 패러다임은 분권화, 소형화, 상업화 그리고 민간주도라는 면에서 큰 차이를 보입니다.

저자는 이러한 'New Space 시대'에 주목하면서, 아폴로 프로젝트부터 최근 일론 머스크의 사례까지 인류의 우주 개발 변천사를 조명하고 있습니다. 특히, 시대를 앞선 비전을 갖고 남다른 열정과 도전정신을 발휘하고 있는 우주 개발 현장의 크고 작은 감동의 스토리에 저자는 주목하고 있습니다. 저자가 소개하는 우주를 배경으로 펼쳐지는 연구자들의 도전기는 그 자체만으로도 국적을 뛰어넘어 독자들에게 희망과 감동을 선사하기 충분합니다.

'우리별 1호'를 통해 대한민국 인공위성 분야를 개척했던 카이스트KAIST의 연구자 등 항공우주 분야 우리 과학자들의 도전과 열정의 스토리들도 이책에 고스란히 담겨 있어 반가움을 금할 수 없습니다. 또한, 저자들의 우주 탐사에 대한 애정과 그동안 취재했던 연구 현장의 생생한 모습들이 페이지 마다 투영되어 있어 책의 가치를 더하고 있습니다.

우주 개발의 역사에 관심이 있거나 현장 연구자들의 열정이 궁금하거나, 또는 항공우주 분야를 전공으로 삼으려는 청소년들에게 필독서로 권하고 싶습니다.

프롤로그

그저 꿈과 상상에서만 존재했던 우주. 하지만 인류의 겁 없는 도전은 우주를 상상의 세계에서 현실로 이끌어냈다. 인류는 왜 우주로 향하고 있을까?

사실 우주 개발의 시작은 그리 평화롭지도 선하지도 않았다. 양보할 수 없는 자존심 싸움이었으며 상대를 감시하고 공격하기 위한 수단이었다. 흔히 아는 사실이지만 우주 개발은 과거 미국과 옛 소련이 치열하게 경쟁하고 반목하던 시기에 가장 빠르게 발전했다. 과학적인 목적이나 미지의 영역에 대한 호기심 같은 순수함만이 우주 도전의 목적이었다면 인류의 우주 진출은 아마도 훨씬 늦게 진행됐을 것이다.

유인 달 탐사는 이런 사실을 고스란히 보여준다. 인류가 달에 첫 발을 내 디딘지 올해로 50년이 훌쩍 넘었다. 당시 소련은 인류 최초의 인공위성 스푸트니크를 우주에 쏘아 올렸고 세계 최강국 미국의 위상은 크게 떨어졌다. 자존심을 회복해야 하는 미국은 어떤 난관이 있더라도 소련보다 더 어려운 우주 도전을 해내야 했고 그것이 달에 사람을 착륙시키는 아폴로 임무로 이어지는 동기가 됐다.

미국과 소련은 국가 경제가 흔들릴 정도로 천문학적인 예산을 우주 개발에 쏟아부으며 1등을 향해 달렸다. 덕분에 세상에 없는 새로운 기술[우주 경쟁이 아니었다면 생각해 보지도 않았을 만한]들이 쏟아져 나왔다. 이 시기를 '우주 경쟁의 시대'라고 부른다.

그러나 냉전의 해체와 함께 더 이상 자존심을 건 경쟁은 필요가 없어졌다. 우주 개발의 속도도 자연스럽게 더뎌졌다. 1969년 처음 달에 간 이후 3년 만인 1972년, 아폴로 17호를 마지막으로 달 착륙 임무가 중단된 것도 그런 이유였다. 사실 달 착륙 프로젝트는 달에 깃발을 꽂고 승리의 기분을 만끽하는 것 말고는 이렇다 할만한 실익이 없었다[당시의 시각은 그랬다]. 이후 지구상의 어느 누구도 달에 간 사람은 나오지 않았다. 어느 국가도 다시 사람을 달에 보내겠다고 선언하거나 계획하지 않았다. 그렇게 수십 년이 흘렀다.

경쟁이 줄어들자 사람들이 생각하는 우주의 가치는 달라졌다. 우주 개발은 상대보다 무조건 앞서가야 하는 경주였지만 이제는 새로운 산업을 일으키는 기술의 원천이 되었다. 기술이 발전하면서 무인 우주 탐사가 활성화됐다. 무인 탐사기들은 사람을 대신해 달과 화성, 금성, 토성으로 날아갔다. 우주는 인간에게 무한한 도전 의식과 영감, 궁금증을 끝없이 제공했다.

정치적으로 시작된 우주 개발은 이제 새로운 단계를 맞이하고 있다. 주도권이 국가에서 민간으로 넘어가는 것이다. 기업이 국가보다 더 멋진 우주 프로젝트를 추진하고 있다. 달 탐사에 나선 기업들이 나타났고, 우주 관광이나 우주 광물을 채굴하는 사업을 벌이기도 한다. NASA미국항공우주국보다 먼저 화성에 사람을 보내겠다는 회사도 있다. 우주 개발 역사의 패러다임이 바뀌는, 일명 뉴스페이스New Space의 시대가 도래한 것이다.

이런 극적인 변화는 어느 날 갑자기 찾아온 것이 아니다. 수많은 도전과 희생이 쌓이고 쌓여 그 결과물들이 봇물처럼 터져 나오기 시작한 것이다. 그래서 우주 개발의 거대한 흐름이 아니라 그 속에서 일어난 작은 이야기들로 눈을 돌려 보면 거기에는 무수히 많은 땀과 눈물, 실패와 극복, 좌절과 열정, 승리의 스토리가 점철되어 있다.

한계를 넘어서고 시대를 앞서간 도전기는 우리에게 희망과 감동을 선사한다. 이 책에서는 바로 그 이야기를 하려고 한다. 태양계를 벗어난 '보이저 1, 2'호의 외로운 비행을 말하고 빨간 스포츠카를 타고 화성으로 날아간 '스타맨', 우주 공간을 유영하는 아름다운 쪽배 '이카로스'의 멋진 항해를 소개한다. 우주로 간지 7년 만에 만신창이로 돌아와 일본 열도를 흥분의 도가니로 몰아넣었던 혜성 탐사선 '하야부사'의 스토리는 남다른 감동으로 다가온다. 밤낮없이 외계인을 찾는 사람들과 3번째로 국제 우주정거장ISS에 올라간 50대 우주인의 특별한 사연도 있다.

우리나라에도 살아있는 감동 스토리가 많다. 선진국에 비해 크게 늦은 출발이었지만 우주를 향한 열정은 누구에도 밀리지 않는 대한민국이었다. 급격히 늘어난 새 차의 누적 주행 거리 탓에 영업 사원으로 오해받은 우주로켓 개발자의 웃기면서도 슬픈 이야기가 있고, 미국 협력업체의 시험실에 성조기보다 작게 걸린 태극기가 서러워 새로 만든 국내 시험실마다 큼지막한 태극기를 내건 가슴 뭉클한 사연도 있다.

20대 초반 청년들이 대한민국 최초의 인공위성을 쏘아 올리고, 다시 이들이 대한민국을 인공위성 수출국으로 만든 스토리는 도전이 상실된 이 시대의 청년들과 공유하고 싶은 이야기다. 그리고 이번 개정판에는 온 국민에게 감동과 환희를 선사한 누리호 발사 성공과 대한민국 첫 우주 탐사선인 다누리의 이야기도 추가했다.

해외의 우주 개발 이야기는 많이 알려진 것들일 수 있다. 하지만 이 책은 그 속에서도 도전과 희생, 감동의 영역에 집중했다. 그리고 한국의 우주 개발 이야기는 그동안 취재와 홍보의 현장에서 접한 것 가운데 누군가에게 꼭 다시 말하고픈 것들을 골랐다. 그래서 '개발 백서' 같은 책들에 숨어 있던 소중한 땀의 이야기를 끄집어냈고 우주 개발의 산증인들에게 찾아가 까마득히 먼 기억을 소환해냈다.

마지막으로 생생한 이야기를 들려주고 졸고拙稿도 미리 살펴봐 주신 분들께 감사드린다.

차례

그들의 희생이 남긴 것

환희와 감동의 순간

시대를 앞선 사람들의 도전

'아폴로 미션' 그 이름은 어디에서 왔을까?

청년들이 쏘아 올린 대한민국의 별

한국의 NASA, 그들이 사는 법

인류의
첫 도전

퍼스트맨 "내게는 작은 걸음, 인류에게는 거대한 도약"

60초… 30초… 3, 2, 1 터치다운!

1969년 7월 20일 오후 4시 17분 40초.

'고요의 바다Sea of Tanguility'라고 불리는 달의 북동쪽 평원의 동경 23도, 북위 1도 지점에서 먼지가 피어올랐다. 사람들은 그곳에 '바다'라는 이름을 붙였지만 그곳엔 물 대신 수 억 년 쌓인 먼지가 존재할 뿐이었다. 오랫동안 인간의 상상과 동경의 대상이었지만 어느 누구도 가본 적 없는 그곳.

"휴스턴. 여기는 고요의 바다. 이글호가 착륙했다.
Houston, Tranquility Base here. The Eagle has landed."

▲ 암스트롱이 촬영한 버즈 올드린과 착륙 모듈 이글호 ©NASA

'아폴로 11호'의 달 착륙선 '이글호'의 선장 닐 암스트롱이 NASA 관제센터가 있는 휴스턴에 착륙 사실을 보고했다. 인간이 최초로 지구 밖 천체에 발걸음을 내딛는 새로운 역사가 지구로 전송되는 순간이었다.

고요의 바다에 착륙한 퍼스트맨First man 암스트롱은 함께 타고 있던 동료 버즈 올드린과 밖으로 나갈 준비를 시작했다. 아무도 경험하지 못한 곳에 나가려면 철저한 준비가 필요했다. 6시간에 걸쳐 밖으로 나가기 위한 작업이 진행됐다.

오후 10시 56분, 이글호의 해치가 열리고 마침내 암스트롱이 먼저 밖으로 나왔다. 사다리를 타고 이글호에서 내려온 그는 조심스럽게 왼쪽 발을 먼저 내디뎠고 이 역사적인 장면은 지구로 생중계됐다. 달에 인간의 첫 발자국을 새긴 암스트롱은 이렇게 말했다.

> "이것은 한 인간에 있어서는 작은 한 걸음이지만 인류에게는 거대한 도약이다.
> That's one small step for a man, one giant leap for mankind."

모든 인류에게 새로운 영감과 용기, 자신감을 불러일으키며 깊은 울림을 주는 말이었다. 암스트롱의 이 말은 인류의 우주 개발사에서 가장 유명한 말로 남았다.

군인 출신이었던 닐 암스트롱은 훗날 한 인터뷰에서 "미국인을 달에 착륙시키는 국가 목표를 달성한 시기"라고 평가했지만,

▲ 닐 암스트롱이 달 표면에 남긴 첫 번째 발자국 ©NASA

아폴로 11호의 성공은 한 개인과 국가의 영광이라기보다는 인류가 지구 밖 우주 공간의 삶을 영위할 수 있다는 가능성을 보여준 일대 사건이었다.

'퍼스트맨'은 고독한 도전자였다

인류 역사상 가장 역사적인 인물 중 한 명으로 기록된 닐 암스트롱의 도전을 소재로 한 영화 〈퍼스트맨〉.

'퍼스트맨'의 명예를 얻기까지 그의 도전은 언제나 성공과 실패, 생존과 죽음의 경계에 있었다. 어쩌면 그는 달에 간다는 기대 혹은 군인 출신으로써 갖는 사명감 같은 감정보다 매 순간 '살아 돌아올 수 있을까'라는 생존 자체에 대한 불안을 이겨내야 하는 고독한 도전자에 더 가까웠다.

미국은 아폴로 계획 전에 유인 달 탐사에 필요한 기술과 데이터를 획득하기 위해 머큐리, 제미니, 레인저, 서베이어 계획과 같은 대규모의 사전 우주 프로젝트들을 계속 추진했다. 암스트롱이 선장으로 탑승한 '제미니 8호' 우주선 프로젝트도 그 일환이었다.

1966년 3월 16일, 미국 케이프커네버럴 공군기지에서 아제나[GATV-5003] 우주선이 고도 300km의 지구 궤도로 발사됐다. 아제나가 발사되고 약 40분 후 암스트롱과 동료 조종사 데이비드 스콧David Scott이 탑승한 제미니 8호가 같은 장소에서 또 우주 궤도로 발사됐다. 제미니 8호는 아제나가 올라간 궤도와는 다소 다른 타원형 궤도로 진입했다. 제미니 8호의 임무는 우주 궤도에서 아제나를 쫓아가 도킹하는 것이었다.

궤도에 오른 제미니 8호는 무인 표적 우주선 아제나를 쫓아 궤도를 수정하기 시작했다. 제미니 8호는 약 6시간에 걸쳐 궤도를 바꿔가며 아제나에 다가간 뒤 1초에 8cm씩 조심스럽게 접근하면서 도킹을 준비했다. 발사된 지 6시간 33분, 제미니 8호는 완벽하게 아제나와 도킹하는데 성공했다. 미국 최초의 유인 우주선 도킹 시험이었다.

▲ 달 표면에 착륙한 이글호에서 잠시 휴식을 취하는 닐 암스트롱 ©NASA

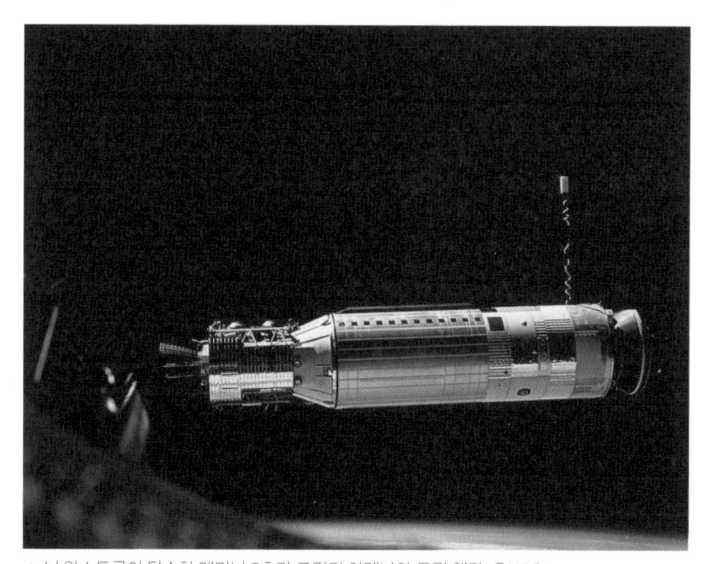

▲ 닐 암스트롱이 탑승한 제미니 8호가 표적기 아제나와 도킹 했다. ©NASA

그런데 도킹 후에 문제가 일어났다. 예기치 못한 강한 회전spin이 발생한 것이다. 제미니 8호는 제어 불능 상태에 빠졌다. 암스트롱은 제미니호의 자세 회복을 위해서 급히 도킹을 해제했다. 그러나 우주선은 통제되지 않았다. 우주선이 강하게 회전하면서 암스트롱과 스콧의 의식도 흐려졌다.

임무 실패는 물론 두 우주 비행사의 생존이 걸린 절체절명의 순간, 선장 암스트롱은 정신을 잃기 직전 가까스로 자동궤도자세제어 시스템을 중지하고 역분사 엔진을 가동했다. 다행히 제미니 8호의 회전이 서서히 멈추기 시작했고 자세가 안정화됐다. 하지만 역분사를 하느라 연료를 써 버린 제미니 8호는 더 이상의 임무 수행을 하지 못하고 긴급히 대기권으로 재돌입하게 된다.

원래 제미니 8호는 대서양으로 귀환할 계획이었고 귀환 예상 지점엔 미 해군의 항공모함이 대기하고 있었다. 하지만 긴급 상황이 벌어지면서 귀환 지점은 일본 오키나와 동쪽 800km의 태평양 해상으로 수정됐다. 미국은 암스트롱과 동료를 구조하고 제미니 8호 우주선을 회수하기 위해 현장에 9,655명의 군인과 96대의 항공기, 미 구축함 레오나드 F. 메이슨USS Leonard F. Mason, DD-852호를 비롯한 16척의 함정을 긴급 투입했다.

다행히도 암스트롱과 그의 동료는 바다에 낙하한 지 3시간 만에 안전하게 구조됐다. 이 사고로 암스트롱을 잃었다면 그는 '퍼스트맨'이 될 수 없었을 것이다.

▲ 대서양에서 구조되는 닐 암스트롱과 데이비드 스콧 ©NASA

생사를 달리한 '아폴로'의 동료들

1967년 2월 21일, 나사는 첫 유인 '아폴로' 우주선을 플로리다의 케네디 우주센터에서 발사할 계획이었다. 오랫동안 준비한 프로젝트의 서막이 오른 것이었다. 그러나 모든 '최초'에는 위험이 따르듯 아폴로 계획도 시작부터 큰 좌절을 겪어야 했다. 아폴로 1호는 직접 달까지 날아가는 우주선은 아니었다. 지구 궤도를 돌아 귀환하며 성능을 시험하기 위한 일종의 시험선이었다.

▲ 아폴로 유인 우주선 지상 시험 모듈에 탑승한 우주인들. 왼쪽부터 거스 그리섬, 에드워드 화이트, 로저 채피 ©NASA

아폴로 1호에는 선장 거스 그리섬Virgil Gus Grissom, 선임 파일럿 에드워드 화이트Edward White, 파일럿 로저 채피Roger Chaffee 이렇게 3명이 탑승했다. 이들은 모두 암스트롱의 아폴로 프로젝트 동료들이었다. 발사를 26일 앞두고 아폴로 1호의 승무원들이 사령선에 탑승해 있었다. 지상에서 우주선의 작동 절차를 실제 비행 상황과 동일하게 수행해 보는 리허설을 위해서였다.

오전 리허설 중 승무원들은 우주선 내에서 이상한 냄새를 맡았다. 조짐이 불길했지만 특별한 이상이 발견되지 않았다. 그런데 이번엔 통신 시스템이 말썽을 일으켰다. 대화가 어려울 정도로 심한 노이즈가 발생했다. 선장 그리섬은 시험을 총괄하고 있는 원격 관제센터에 불만을 터트렸다.

"고작 건물 2~3 채 사이에서도 통신이 안 되는데 달은 어떻게 갑니까?"

통신 문제는 곧바로 해결되지 않았지만 시험은 계속됐다. 그러던 중 갑자기 아폴로 1호에서 "불이야!"라는 다급한 외침이 터져 나왔다. 불꽃은 관제센터의 CCTV 모니터를 통해서도 확인됐다. 아폴로 1호 사령선 쪽에서 하얀 불꽃이 튀었다. 주변에 있던 시험 지원 연구원들이 소화기로 화재를 진압하기 위해 달려들었지만 우주선의 해치 도어가 열리지 않았다.

안전을 위해 도어가 안쪽으로 열도록 설계되어 있었는데 선내 산소 기밀 유지를 위해 내부 압력이 외부보다 높아 문이 열리지 않았던 것이었다. 결국 이 사고로 아폴로 1호에 타고 있던 세 명의 우주인은 모두 사망하는 비운을 맞았다. 암스트롱은 한순간 생사를 달리한 동료들을 그저 묵묵히 바라봐야 했다. 아폴로 우주선은 지구를 떠나 보기도 전에 승무원들의 희생을 치러야 했다.

아폴로 우주인들의 도전에는 마치 동반자처럼 생사에 대한 위협이 함께 하고 있었다. 어느 누구도 가보지 않은 길이었기에 달 착륙은 과연 성공할 수 있을지, 또 더 이상의 희생이 발생하지 않을지 그 누구도 장담할 수 없었다. 아폴로 1호의 사고 후 안전을 위해 우주선 설계가 크게 변경되면서 전체 프로그램은 연기됐다.

그로부터 1년 10개월 뒤, 1968년 10월 11일 NASA는 아폴로 7호를 발사하며 달에 대한 도전을 재개했다. 그리고 결국 닐 암스트롱과 일행을 태운 아폴로 11호가 끝내 달 착륙을 성공시킨다.

암스트롱이 이른바 '퍼스트맨'이 될 수 있었던 것은 크나큰 행운이었다. 그러나 그것은 그저 운명처럼 우연히 찾아온 행운이 결코 아니다. 그 자신은 물론 여러 동료들의 목숨을 건 도전과 좌절, 실패와 극복의 과정이 축적되었기에 얻을 수 있었던 값진 결과였다.

'아폴로' 프로젝트는 미국의 절박함에서 시작됐다

제2차 세계대전 후 미국과 옛 소련은 각각 자본주의와 사회주의의 맹주가 됐고 극심한 갈등 속에 치열한 경쟁을 벌였다. 체제를 건 대결, 일명 냉전cold war의 시대였다. 두 나라는 우주 개발에서도 역시 한 치도 양보할 수 없었다. 지상의 무기 경쟁에 이어 우주 공간에 무언가를 쏘아 올릴 수 있다는 것은 체제의 우월성을 선전하는데 가장 유력한 수단이었다. 인류의 우주 기술이 가장 빠르게 발전한 시대를 꼽자면 두말할 필요 없이 바로 이 시기다.

팽팽하던 우주 개발의 미-소 간 균형이 깨진 건 1957년이었다.

SPACE BREAK

새턴-V와 아폴로 우주선

'이글호'의 달 착륙 4일 전인 1969년 7월 16일 오전 9시 32분[미국 동부시간]. 미국 서남부 플로리다의 케네디 우주센터에서 '아폴로 11호'를 실은 '새턴-V' 로켓이 거대한 화염을 내뿜으며 발사됐다.
미국이 국력을 총동원해 추진한 유인 달 착륙의 서막이 오른 순간이었다. 전 세계는 숨죽이며 인류 역사상 가장 위대한 우주 탐사가 시작되는 순간을 지켜봤다.

▲ 새턴-V 로켓 발사 장면 ©NASA

아폴로 우주선을 우주로 수송한 새턴-V 로켓은 지금까지도 인류가 만든 가장 크고 강력한 우주 발사체 중 하나다.
3단 형으로 된 새턴-V의 높이는 무려 일반적인 아파트 46층 높이에 해당하는 110.6m에 달했으며, 직경 10.1m에, 무게는 3,038.5톤에 이르렀다.
새턴-V의 1단은 추진제로 액체산소와 RP-1[정제등유]를 사용하는 F-1 엔진 5개가 3,460톤의 추력을 뿜어냈다. 지구 중력을 벗어나 새턴-V에서 분리된 아폴로 11호는 지구를 한 바퀴 반 돈 뒤, 시속 4만 km에 달하는 속도로 달을 향한 항해를 시작했다.

▲ 컬럼비아호와 이글호 ©NASA

아폴로 11호는 사령선인 '컬럼비아호', 착륙선인 '이글호', 사령선에 산소, 전기 등 필요한 자원을 공급하는 기계선으로 구성됐다.
아폴로호가 달 궤도에 진입하면 착륙선인 '이글호'만 분리되어 달에 착륙한다. 임무를 완수한 이글호는 다시 달 궤도로 올라와 그새 달 궤도를 계속 돌고 있던 사령선, 기계선과 도킹하고 승무원들은 사령선으로 옮겨 탄다.

지구로 돌아올 때는 무거운 이글호는 달 궤도에 떼어버리고, 지구 대기권에 진입할 때는 기계선도 분리한 채 승무원들이 탑승하고 있는 사령선만 지구로 돌아온다.
사상 처음으로 유인 달 착륙에 성공한 아폴로 11호는 지구를 출발한 지 8일 3시간 18분 21초 만에 지구로 안전하게 귀환했다.

아폴로 11호의 역사적인 달 착륙 이후 미국은 1972년까지 모두 다섯 번에 걸쳐 열 명의 우주인을 더 달에 보냈다. 아폴로 11호의 달 착륙 성공으로 미-소 간 우주 경쟁 주도권은 미국으로 넘어갔다. 인류의 우주 기술 역시 급속도로 발전하는 계기가 됐다. 그리고 인류는 이제 화성에 도전하고 있다. "인류에게는 큰 도약이다"라는 암스트롱의 한 마디는 현실이 되었다.

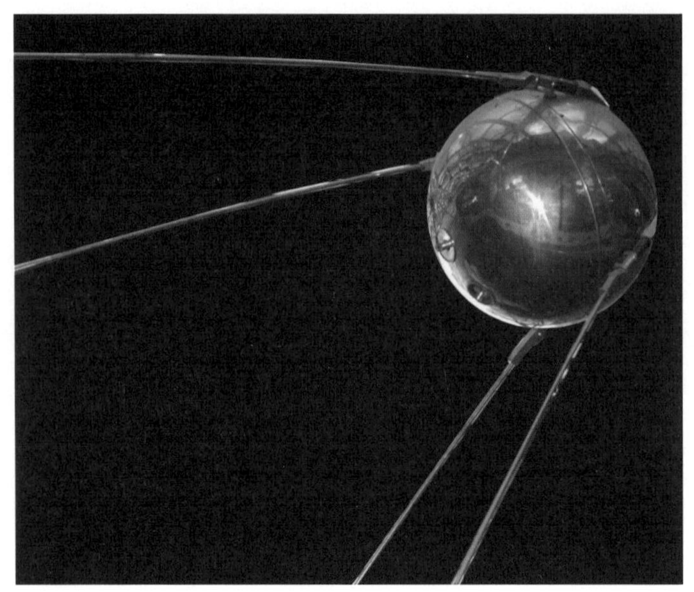

▲ 스푸트니크 1호 ©NASA

소련이 우주 궤도에 세계 최초의 인공위성 '스푸트니크 1호'를 쏘아 올린 것이다. 스푸트니크 1호는 지름 58cm, 무게 84kg으로 크기는 고작 농구공만 한데다 안테나 몇 개가 달려 있는 게 전부였지만 미국에게는 충격과 공포 그 자체였다. 미국 국민들은 소련이 우주에서 자신들을 훤히 내려다보며 언제라도 머리 위에 폭탄을 투하할 수 있다는 불안감에 휩싸였다. '스푸트니크 쇼크'라는 말이 생겨날 정도였다.

소련은 기세를 몰아 온 세계의 이목을 휩쓰는 우주 개발 이벤트를 계속 선보였다. 1959년 무인 탐사선인 루나 2호를 달에 착륙시켰다. 이어 1961년 4월 12일에는 유리 가가린 소령이 보스토크 1호 우주선을 타고 1시간 29분 동안 지구를 한 바퀴 도는 우주비행에 성공한다. 세계 최초의 우주인 탄생은 미국의 자존심을 다시 한번 짓밟았다.

▲ 유리 가가린

미국은 조바심을 넘어 패닉에 빠졌다. 불안에 떨고 있는 국민들을 결집하고 세계에는 최강국으로서의 면모를 입증해 자존심을 회복할 이벤트가 필요했다.

미국은 세계 제2차 대전 이후 독일에서 이주시킨 천재 로켓 공학자 베르너 폰 브라운Wernher von Braun 박사를 주축으로 연구에 매달려 1958년 1월 21일, 미국 최초의 인공위성인 익스플로러 1호를 발사하고, 몇 달 후 미국항공우주국 NASA를 설립해 본격적으로 우주 개발에 박차를 가한다. 그리고 미국 대통령 존 F. 케네디는 1961년 5월 25일, 미 의회 연설에서 사람을 달에 보내겠다는 원대한 계획을 천명한다. 미국의 다급함과 절박함이 잘 보이는 연설이었다.

▲ 미국 의회 연설에서 유인 달 탐사 계획을 밝히는 케네디 대통령 ©NASA

"I believe that this nation should commit itself to achieving the goal, before this decade is out, of landing a man on the Moon and returning him safely to the Earth. No single space project in this period will be more impressive to mankind, or more important in the long-range exploration of space; and none will be so difficult or expensive to accomplish.
나는 미국이 1960년대 안에 사람을 달에 보내고 안전하게 지구로 귀환 시키는 목표를 가져야 한다고 믿습니다. 그 어떤 우주 계획도 인류에게 이보다 강렬한 인상을 심어주지 못할 것이며, 어떠한 계획도 장거리 우주 탐사에서 이보다 중요하지 못할 것입니다. 그리고 이를 위해 어떠한 어려움과 막대한 비용도 감수할 것입니다."

▲ 휴스턴 텍사스 대학에서 달 착륙 의지를 표명하는 케네디 대통령 ©NASA

'아폴로' 프로젝트의 시작을 알리는 연설이었지만 많은 사람들의 비웃음을 사기도 했다. 당시로서는 너무나 황당한 이야기로 받아들여졌기 때문이었다.

이후 미국은 NASA를 중심으로 유인 달 탐사를 현실화시키기 위해 할 수 있는 모든 국력을 집중했다. 미국 경제가 송두리째 흔들린다는 말이 나올 만큼의 천문학적인 투자도 마다하지 않았다.

의회에서의 연설이 있은 지 1년 뒤, 케네디는 텍사스의 한 대학에서 국민들을 대상으로 다시 한번 달 착륙 의지를 강력히 표명한다. "우리는 달에 가기로 했다We choose to go to the moon"는 결의와 확신에 찬 이 연설은 인류의 우주 탐사 역사에서 가장 유명한 것으로 기억되고 있다.

> "We choose to go to the moon. We choose to go to the moon in this decade and do the other things, not because they are easy but because they are hard
> 우리는 달에 가기로 했습니다. 우리는 십 년 내에 달에 가고 그 밖에 다른 여러 가지 일들도 실행하기로 결정했습니다. 그것이 쉽기 때문이 아니라 어렵기 때문에 하려는 것입니다."

그로부터 약 2,500일 후 1970년대의 시작을 몇 달 앞둔 1969년 7월 20일, 아폴로 11호는 케네디의 약속대로 달에 착륙했다.

미국이 아폴로 프로그램에 투자한 예산은 1960년부터 1973년까지 약 194억 달러에 달했다. 현재 가치로도 무려 21조 원에 달하는 규모지만 60여 년의 화폐 가치 상승을 고려하면 감히 상상하기 어려울 만큼 거액의 투자였다. 그러나 아폴로 프로젝트의 성공으로 인해 미국인들이 얻게 된 자신감은 돈으로 따질 수 없는 것이었다.

"이번엔 깃발만 꽂고 돌아오지 않을 것이다"

"우리는 5년 내에 다시 달에 사람을 보낼 것입니다."

2019년 3월, 앨라배마 헌츠빌 우주로켓센터에서 열린 미국 국가우주위원회에서 마이크 펜스 미국 부통령은 2024년까지 달에 미국의 우주인을 착륙시키겠다고 선언했다. 2028년까지 사람을 달에 보내겠다고 밝힌 지 불과 2년 만에 4년의 시간을 앞당겨 버린 것이었다. 미국은 유인 달 탐사를 향한 강한 야심을 드러냈다.

NASA는 이 계획을 그리스 로마 신화에 등장하는 달의 여신 '아르테미스Artemis'로 이름 지었다. 아르테미스 계획이 성공한다면 1972년 아폴로 17호 이후 52년 만에 사람이 다시 달에 착륙하게 된다. 벌써 50여 년 전 아폴로 계획을 성공시킨 미국이지만 5년 내에 다시 사람을 달에 착륙시킨다는 것은 쉽지 않은 도전이다.

미국의 아르테미스 프로젝트에는 다양한 국가가 참여하고 있다. 미국의 주도 아래 영국, 일본, 캐나다, 호주, 룩셈부르크, 아랍에미리트, 이탈리아 등 8개국이 함께 아르테미스 프로젝트를 시작했고 우리나라도 2021년 이 프로젝트에 가입했다. 브라질, 이스라엘, 우크라이나, 프랑스, 뉴질랜드, 바레인, 멕시코, 사우디아라비아도 동참하는 등 프로젝트 가입국은 20여 개국을 넘었다.

2022년 11월, NASA는 아르테미스 계획을 위해 새로 개발한 역대 최강 로켓 SLSSuper Launch System 발사에 성공한다. 1972년 사람이 달에 마지막으로 착륙한 이후 다시 사람들 달로 보내기 위한 아르테미스 프로젝트의 첫 번째 발걸음을 내디딘 것이다.

▲ NASA가 추진하는 아르테미스 계획의 달 착륙 상상도 ©NASA

SLS는 역사상 인류가 만든 가장 강력한 발사체로 평가된다. 높이는 98m로 자유의 여신상[93m]보다 크고, 무게는 2500톤에 달한다. 로켓을 밀어 올리는 힘인 추력은 400만kg으로 아폴로 임무를 수행한 새턴V 로켓보다 15%나 세다. NASA는 2014년부터 SLS 개발에 착수해 무려 230억 달러, 우리 돈으로 약 30조 원을 투입했다.

SLS에 주목하는 이유는 이 발사체가 사람을 더 먼 우주로 보낼 운송 수단이 될 것이기 때문이다. 미국은 달을 넘어 화성에 인류를 보낼 계획이다. 첫 번째 발사한 SLS에는 사람을 4명 태울 수 있는 오리온 우주선이 탑재됐고, 달까지 갔다가 지구로 귀환하는 시험에도 성공했다. 첫 발사에는 사람을 태워 보내진 않았지만 2025년에는 사람을 달에 착륙 시킨다는 목표다.

아르테미스 계획은 과거 아폴로 계획의 착륙 방법과 다소 다르다. 아폴로 당시엔 지구에서 날아간 우주선이 곧바로 달에 착륙했지만, 이번에는 달 궤도를 돌고 있는 우주정거장에 한 번 들

▲ SLS 발사 장면 ©NASA TV

렀다 착륙하는 방식을 택했다. 중간 정류소를 둔 것이다. 지구에서부터 필요한 모든 물자를 싣고 가는 것보다 달 궤도에서 중간 보급을 받으면 훨씬 효율적으로 우주선을 운용할 수 있다. 이를 위해서 NASA는 달 궤도에 중간 기착지 역할을 할 우주정거장을 만들 계획을 추진하고 있다.

달 우주정거장은 앞으로 유인 우주 탐사의 전초기지, 베이스캠프 역할을 하게 된다. 4명의 우주인이 생활하며 달 착륙선에 연료를 충전하거나 화성행 우주선에 물자를 보급하는 등의 임무를 지원한다. 또 심우주에 장기 체류 시 발생할 수 있는 인간

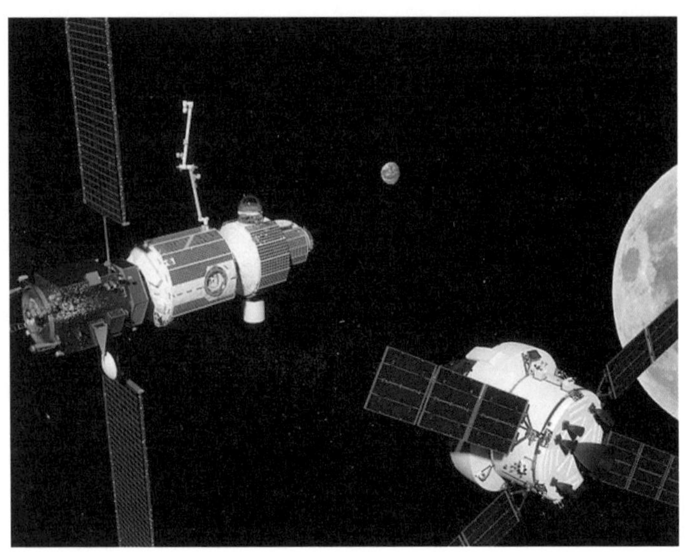

▲ NASA가 달 궤도에 구축할 계획인 달 궤도 우주정거장 ©NASA

신체의 변화 등 과학 임무를 수행하는 공간으로도 쓰인다.

미국은 달 착륙 시점을 2025년으로 최종 조정하며 우주인 두 명을 달에 보내기로 했다. NASA는 이미 착륙 후보지 13곳을 정했다. 달 남극에 위치한 곳들이다. 특히 NASA는 태양빛이 들지 않는 영구 음영[그늘] 지역을 주로 연구한다는 계획이다. 미래의 인류가 우주에서 장기 체류하기 위해서는 물과 같은 자원이 필요하기 때문이다. 영하 200도 이하의 영구 음영 지역은 달에서 물이나 메탄, 암모니아 같은 물질이 얼어 있는 곳이다.

미국이 달 착륙에 성공한다면 화성 유인 탐사 계획에도 청신호가 커지게 된다. 달 착륙 기술과 노하우는 그대로 화성 탐사에 적용되기 때문이다. 하지만 실제 사람이 화성으로 갈 수 있을지는 미지수라는 평가도 많다. 며칠 만에 지구로 되돌아올 수 있는 달 탐사와 달리 화성은 왕복에 최소 2년의 시간이 필요하다. 과거 아폴로 계획처럼 생각하지도 못한 수많은 시행착오의 장벽을 넘어야 한다. 또 다른 희생이 기다리고 있는지도 모른다.

하지만 불가능하다고 단정하고 포기하지만 않는다면 인류는 머지않아 분명 화성에 도착해 있을 것이다. 인류의 모든 도전이 그랬듯 말이다.

우주 발사체의 원조는 독일의 '보복 무기'

지난 1950년대 개발 경쟁이 시작된 우주 발사체는 2차 세계대전 당시 나치 독일이 개발한 탄도미사일 'V-2 로켓'에 그 기원을 두고 있다. 베르너 폰 브라운 박사가 주도해 개발한 V-2 로켓은 메탄올을 주 연료로 사용하는 1단형 로켓으로 알루미늄 동체에다 비행 자세 유지와 유도를 위해 자이로스코프가 사용됐으며, 컴퓨터가 탑재돼 엔진 가동을 제어하는 기술적으로 상당히 발전한 로켓이었다.

그 당시에 V-2 로켓은 초당 1,600m를 비행할 수 있어 요격이 불가능했기 때문에 연합군이 느끼는 공포심은 상당했다. 히틀

▲ 1943년 시험 발사되는 V2 로켓
©German Federal Archive

러는 이 신무기에 '보복'을 뜻하는 독일어 'Vergeltung'의 앞 자를 따 'V'라는 이름을 부여했다.

전쟁이 끝나자 승전국이 된 미국과 소련, 영국은 V-2 기술을 확보하기 위해 혈안이 됐다. V-2의 군사적 잠재력에 크게 주목한 것이었다. V-2의 완제품과 개발자들, 시험이 이뤄진 장소를 찾아내기 위해서 독일 전역을 샅샅이 뒤졌다.

특히 미국은 독일의 로켓 기술자들을 미국 정부 기관 소속으로 데려가기 위해 특별한 작전을 펼쳤다. 여러 과학 기술자들의 정보가 담긴 파일을 만들고, 이 중 반드시 미국으로 데려갈 인물들의 란엔 클립을 끼워 표시했다. 작전명 '페이퍼 클립Paper Clip'이었다.

최우선 대상은 단연 V-2 개발을 이끈 폰 브라운 박사였다. 독일은 전세가 기울자 로켓 기술을 뺏기지 않도록 로켓 개발자들을 모두 미리 없애려 했지만, 이를 간파한 폰 브라운은 미리 동료들과 함께 오스트리아로 도피해 미군에 항복했다.

폰 브라운을 얻은 미국은 어느 정도 시간이 흐른 뒤 그에게 미국의 거의 모든 로켓 프로그램을 맡겼다. 폰 브라운은 미국 최초의 장거리 탄도 미사일 '레드스톤Red Stone'을 개발하고 NASA 산하 조직인 마셜 우주비행센터의 소장을 맡는 등 미국의 로켓 개발을 주도해 나갔다. 아폴로 계획에 사용된 새턴Saturn-5 발사체도 그의 작품이다. 미국은 그의 활약에 힘입어 세계 최고의 우주 기술국으로 우뚝 서기에 이른다.

▲ 베르너 폰 브라운 박사 ©NASA

반면 소련은 폰 브라운과 같은 개발자급 인력을 데려가지 못하고 주로 제작 기술자들을 영입했다. 사실 소련에는 폰 브라운에 맞먹는 천재적인 로켓 개발자 세르게이 코룔료프가 있었다. 코룔료프와 독일 기술자들은 1947년 V-2의 복제품인 R1을 개발했다. 소련의 로켓 기술은 이를 바탕으로 일취월장하면서 1957년 R-7 로켓이 세계 최초의 인공위성 스푸트니크를 우주 궤도에 올려놓는데 성공한다.

V-2 로켓의 가장 큰 피해국인 영국도 V-2 로켓을 입수했다. 영국은 이를 토대로 블랙나이트Black Knight, 블루스트리크Blue Streake 로켓을 차례로 개발했고, 1971년에는 우주 발사체 블랙애

▲ 러시아가 V-2를 바탕으로 제작한 R-1 로켓
©Ministry of Defence of the Russian Federation

로우Black Arrow를 개발해 인공위성 프로스페로Prospero를 발사하는데도 성공한다.

프랑스는 영국보다 먼저 V-2 로켓을 이용한 로켓 개발에 나서 베로니크Veronique를 개발했다. 1950년 여름 첫 발사에서 3m에 상승에 그치며 민망한 실패를 거뒀지만 포기하지 않고 계속 발전시켜 인공위성 발사가 가능한 로켓 디아망Diamant 개발로 이어갔다. 현재 프랑스는 유럽우주국ESA의 위성 발사를 주도하는 국가이며 세계 최대의 상업 발사 서비스 회사로 꼽히는 아리안스페이스Ariane Space의 본사와 공장이 위치해 있다.

인류의
꿈을 싣고
더 멀리

태양계를 벗어난 '보이저'

지난 2013년 12월 12일, 미 항공우주국 NASA는 중대발표를 가졌다. 캘리포니아 공과대학 물리학 교수로 '보이저Voyger 1호' 개발 프로젝트에 참여한 과학자인 에드 스톤Ed Stone이 NASA TV에 나와 떨리는 목소리로 전했다.

▲ 보이저 1호의 성간 비행을 발표하는 NASA의 기자회견 ©NASA TV

"Voyger-1 spacecraft is in interstella space. The space is between stars.
보이저 1호가 태양계를 벗어나 인터스텔라성간星間, interstella[항성과 항성 사이의 우주 공간]를 비행하고 있습니다."

1977년 9월 5일, 플로리다 케이프커내버럴 우주기지에서 땅을 박차고 오른 우주 탐사선 보이저 1호가, 발사된 지 36년 3개월 만에 우리가 상상하고 있는 최후의 경계인 태양계를 지나 미지의 우주 공간으로 인간이 만든 우주선이 날아간 것이다.

보이저 1호는 함께 발사대에서 대기하던 보이저 2호보다 며칠 늦게 출발했지만 속력이 훨씬 빨랐다. 보이저 1호는 1979년 목성을 지나면서 목성 궤도에 있는 갈릴레오 위성들을 촬영하고 화산 활동도 최초로 발견했다. 전에는 발견되지 않았던 목성 주위의 고리를 찾아내기도 했다.

보이저 1호는 이어 1980년 11월 토성에 도착했고, 최대 12만 4천 km까지 접근하며 토성 고리의 복잡한 구조를 찾아냈으며 토성의 두꺼운 대기와 위성 타이탄도 발견했다. 그리고 벌써 수년 전, 그에게는 짧았을지 모르는 태양계의 여행을 마치고 인터스텔라interstella에 들어선 것이다.

NASA는 보도자료를 통해 "공식적으로 보이저 1호는 인터스텔라에 들어선 최초의 인공 물체가 됐다"라며 "36년 동안의 탐사 활동과 함께 보이저 1호는 현재 태양에서 190억 km 떨어진 곳까지 나아갔다"라고 밝혔다. 아무도 가본 적이 없는 곳을 향한 비행에 전 세계는 흥분했다.

인간이 만든 인공 물체의 종착지는 과연 어디일까? 지금 보이저 1호가 날고 있는 곳은 이미 2백억 km 떨어진 우주 공간이다. 태양계의 중심 항성인 '태양'에서 다른 항성으로 여행을 하고 있다. 보이저 1호가 여행하고 있는 곳이 얼마나 먼 우주인지를 쉽

▲ 보이저 1호의 비행 상상도 ©NASA

게 비유하는 것은 더 이상 의미가 없을 만큼 아득히 먼 거리에서 더 깊은 우주를 향해 계속 나아가고 있다.

보이저 1호는 목성과 토성, 천왕성, 해왕성 등의 태양계 행성들을 탐사하겠다는 당초의 임무를 지난 1989년 이미 완료했다. 그리고 총알보다 17배나 빠른 초속 17km의 속도로 태양계를 벗어났다.

보이저호에 생명이 있었다면 얼마나 무섭고 외로울까? 암흑천지에서 보이는 것이라고는 어둡고 때로는 환하게 빛나는 별과 무서운 돌덩이, 그리고 끝을 알 수 없는 심연일뿐이니 말이다. 이제는 돌아갈 수도 없고 자신이 가는 곳이 어디인지도 모른다. 그저 나아갈 뿐….

'창백한 푸른 점(Pale blue dot)', 인류는 얼마나 초라한가

우리는 지금까지 지구가 우주에서 특별한 행성이고, 지구에 거주하는 인간은 아주 특별하고 고귀한 존재라고 알아왔으며 또 그렇게 생각하면서 살아왔다. 하지만 과연 그럴까?

옆의 사진을 보자. 보이저 1호가 해왕성 근처, 지구와의 거리 61억 km를 지날 때 지구를 촬영한 사진이다. 작은 점 하나로 보이는 게 지구의 모습이다. 이 사진은 천문학자이면서 저술가로 유명한 칼 세이건Carl Sagan의 아이디어로 세상에 빛을 볼 수 있었다. 그는 1977년 보이저 1호의 태양계 탈출이 임박했을 때 NASA에 깜짝 제안을 했다. 보이저 1호의 카메라 방향을 지구 쪽으로 돌려 지구를 촬영해 보자는 것이었는데, NASA는 자칫 카메라가 고장이 날 수 있으며 또 지구를 찍는 게 특별한 의미가 있겠냐며 반대했지만 그는 결국 관철시켰다.

그리고 1990년, 해왕성을 지나던 보이저 1호가 카메라를 지구 방향으로 돌려 사진을 찍어 전송했다. 거기엔 지구를 포함한 6개의 행성이 담겼다. 그 유명한 '창백한 푸른 점Pale blue dot'은 이

▲ 61억 km 거리에서 촬영한 지구의 사진. 태양 반사광 속에 있는 파란색 동그라미의 희미한 점이 지구다. ©NASA

▶ 칼 세이건과 그의 저서 코스모스 ©NASA & 사이언스북스

※칼 세이건(1934~1996) : 미국의 천문학자로, 천체 생물학에서 독보적 업적을 쌓은 인물. 특히 그의 저서《코스모스》는 천문학의 세계를 대중적 언어로 쉽게 설명한 과학 서적으로 유명하다.

때 촬영된 지구 사진 중 하나였다. 칼 세이건은 그의 저서 『창백한 푸른 점』에서 인류에게 많은 사유와 성찰의 기회를 던졌다. 긴 글이지만 압축해 인용하면 이렇다.

> "멀리 떨어져서 보는 지구는 특별해 보이지 않는다. 하지만 우리 인류에게는 다르다. 저 작은 점이 우리가 있는 이곳이며 우리의 집이다. 여러분이 사랑하고 잘 아는 사람들이 모두 저 작은 점 위에서 일생을 살았고 모든 기쁨과 고통이 저 점 위에서 존재했다.
> 수천 개의 종교와 이데올로기, 영웅과 문명을 일으킨 사람들, 그리고 문명을 파괴한 사람들과 미천한 농부, 젊은 이들, 엄마 아빠들, 부패한 정치인들이 모두 바로 태양빛에 걸려있는 저 먼지 같은 작은 점 위에서 살았다. 우주라는 광대한 운동장에서 지구는 아주 작은 무대에 불과하다.
> 저 작은 점 위에서 영광과 승리를 누리기 위해 죽였던 사람들이 흘린 피의 강물을 한 번 생각해 보라. 저 작은 픽셀의 한 쪽 구석에서 온 사람들이 같은 픽셀의 다른 쪽에 있는, 겉모습이 거의 분간도 안되는 사람들에게 저지른 셀 수 없는 만행을 생각해 보라. 우리가 중요한 존재라고 생각하는 우리의 믿음, 우리가 우주에서 특별한 위치를 차지하고 있다는 망상은 저 창백한 파란 불빛 하나만 봐

도 그 근거를 잃는다.

우리가 사는 지구는 우리를 둘러싼 거대한 우주의 암흑 속에 있는 외로운 하나의 점에 불과하다. 그 광대한 우주 속에서 우리가 얼마나 보잘것없는 존재인지 안다면, 우리가 스스로를 파멸시킨다 해도 우리를 구원해 줄 도움이 외부에서 올 수 없다는 사실을 깨닫게 된다.

현재까지 알려진 바로는 지구는 생명을 간직할 수 있는 유일한 장소다. 적어도 가까운 미래에 우리 인류가 이주를 할 수 있는 행성은 없다. 좋든 싫든 저 작은 장소에서 인류는 삶을 영위해야 한다. 인류가 느끼는 자만심이 얼마나 어리석은 것인지를 가장 잘 보여주는 것이 바로 우리가 사는 세상을 멀리서 보여주는 이 사진이다. 사진 속에서 우리는 겸손하고, 서로를 더 배려해야 하는 이유를 배운다.

간신히 찍힌 듯한 먼지 하나 크기의 사진. 까만 바탕에 말 그대로 눈에 보일까 말까 할 정도의 크기인 그저 '창백한 점 하나의 지구'는 우리에게 많은 생각을 안겨준다."

— 칼 세이건, 『창백한 푸른 점』 중에서

우주 척후병 보이저 1호에 실린 '골든 레코드'

태양계 끝을 지나 우리 은하의 더 넓은 공간으로 나아갈 탐사선 보이저호는 혹시 모를 외계 생명체와의 조우에 대비해 여러 가지 지구의 물건들이 실려 있다. 인류가 외계인에게 전해주고 싶은 것들, 즉 외계인들에게 지구를 알리는 데 도움이 될 기록물들이다. 이 기록물들은 금金을 입힌 12인치 지름의 축음기용 동판 레코드 형태로 제작돼 있다.

여기에는 인간의 다양한 정보가 담겨있다. 인간의 DNA 구조 같은 생체 정보와 수치 연산. 또 지상의 풍경을 보여주는 115장의 사진 영상. 아쉽게도 한국 음악은 제외되어 있지만 대중적인 팝에서 클래식 등 세계 각국의 음악. 그리고 바람, 천둥, 새, 고

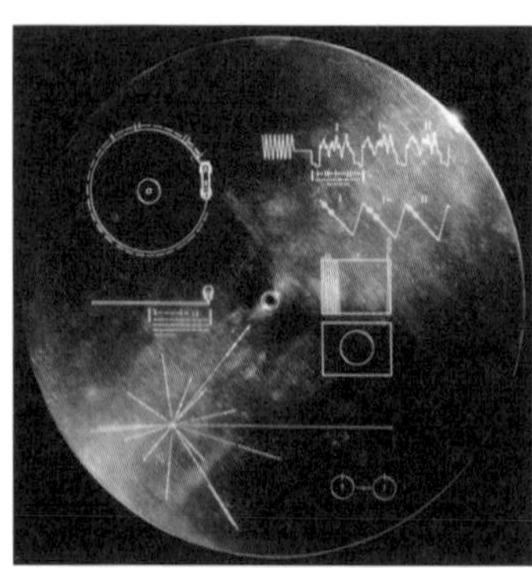

▲ 보이저 1호에 실린 골든 레코드 ©NASA

래, 아기 우는 소리처럼 다양한 지상의 소리들이 망라돼 있다.

55가지 언어로 된 인사말도 포함됐는데 여기에는 우리 말로 된 "안녕하세요?"와 일본의 일상적 인사인 "곤니찌와" 같은 것들뿐 아니라 미국 대통령과 유엔 사무총장의 메시지도 실려 있다. 황금 레코드에 담을 내용을 선별하는 작업에는 천문학자 칼 세이건도 참여했다.

보이저 1호가 만약 우주인을 만난다면 그들은 적대적일까, 아니면 우호적인 존재일까?

무서운 생각이 드는 건 만약 보이저 1호가 만나는 우주인이 우리의 생각처럼 선량한 존재가 아니라면 우리의 존재를 위협할 수 있는 숱한 고급 정보들을 그들에게 너무나 손쉽게 통째로 넘겨주는 우愚를 범할 수도 있게 되기 때문이다.

금세기 최고의 물리학자로 꼽히는 스티븐 호킹Stephen Hawking 박사는 "이 광대한 우주에 인간만이 존재한다고 할 수 없으며, 외계인은 우호적이지 않을 것이므로 피해야한다"고 말했다. 영국의 과학철학자인 닉 보스트롬도 "밤하늘이 고요한 것은 다행한 일이며 우주 생명체에 관한 것은 무소식이 희소식이다"라고까지 했다.

우리 인류가 보이저 1호의 탐험에 쓸데없이 괜한 일을 벌여놓은 것은 아닐까?

쌍둥이 형의 길을 따라나선 '보이저 2호'

보이저 1호는 우주 탐사의 숙명을 띤 쌍둥이 형제다. NASA는 쌍둥이 동생인 '보이저 2호'도 2018년 12월 10일, 인류 역사상 두 번째로 태양권 경계를 넘어 인터스텔라에 도달했다고 선언했다. 보이저 1호보다 16일 이른 1977년 8월 20일 발사된 이래, 지금까지 40여 년에 걸쳐 300억㎞를 비행한 끝에 이뤄낸 결과다. 발사는 보이저 1호보다 조금 빨랐지만 태양계는 조금 뒤처져 벗어난 것이다.

보이저 2호는 보이저 1호와는 다른 방향으로 우주 여행을 시작했다. 그래서 인간이 보낸 탐사선 가운데 유일하게 해왕성과 천왕성을 방문했고, 마침내 태양계를 벗어나 미지의 공간에 합류해 태양계 끝의 모습 등 새로운 정보를 지구로 전송하고 있다.

보이저 2호는 지구와 수백억㎞ 떨어져 있지만 여전히 통신이 가능하다. 보이저 2호가 전송한 신호가 빛의 속도로 심우주 네트워크DSN를 통해 지구에 도착하는 데에는 16.5시간이 걸리는데, 보이저 2호에는 PLS라는 플라스마 측정 장비가 실려 있어 태양권을 넘어 성간우주로 진입한 사실을 확인할 수 있었다.

보이저 2호가 태양권에 있는 동안에는 태양에서 흘려보낸 플라스마, 이른바 태양풍에 휩싸여 있었다. PLS는 플라스마의 전류를 측정해 태양풍의 속도와 농도, 온도, 압력 등을 측정하는데

▲ 보이저 2호의 비행 상상도 ©NASA

2018년 11월 5일 태양풍 입자의 속도가 급격히 떨어진 것이 관측되었고, 그 이후에는 탐사선 주변에서 태양풍이 측정되지 않고 있다. 성간우주에 먼저 진입한 보이저 1호도 PLS를 싣고 있었으나 1980년 고장이 나 이런 측정 임무는 수행하지 못했다.

보이저 2호는 플라스마 자료 외에도 탐사선에 실린 자력계 등 다른 과학 장비를 통해서 성간우주 진입을 입증하는 결과를 얻었다. 보이저 프로젝트팀은 보이저 2호가 측정한 과학 자료를 토대로 태양계 끝의 우주 환경을 더 자세히 들여다볼 수 있을 것으로 기대하고 있다.

보이저호는 당초 목성과 토성을 연구할 목적으로 만들어졌지만 이후 천왕성과 해왕성까지 근접 비행을 하게 됐고, 원격 프로그램 조정을 통해 심우주로 나아가 성간우주에까지 진입했다.

특히 보이저 2호는 설계 수명이 5년에 불과했지만 40년 이상 정상 가동되면서 NASA의 최장수 프로젝트에 올라있다.

보이저호는 플루토늄을 원료로 전기를 얻는 핵추진 방식으로 구동되고 있다. 이 연료가 떨어지면 더 이상 지구와 연결할 수 없게 된다. 보이저 프로젝트 책임자인 수전 도드는 BBC 방송과의 회견에서 보이저호가 2027년까지 가동되는 것을 보고 싶다고 인터뷰하면서 탐사선을 50년 동안 가동한다는 것은 극히 흥미로운 경험이 될 것이라고 했다.

보이저 형제의 도전은 어디까지일까? 인간을 대신해 우주 탐사에 나선 그들의 도전은 계속될 것이고 인류는 우리가 있어야 할 곳에 대신 가 있는 그들을 응원할 것이다.

우주 돛단배

바람을 타고 거대한 망망대해를 유유히 항해하는 요트는 낭만적이다. 연인끼리 와인을 한잔하면서 느리지만 바닷바람을 만끽하며 그들의 시간을 즐긴다. 요즘 요트엔 성능 좋은 엔진이 달려 있어 빠르게 운항할 수 있지만 예전에는 순전히 바람으로만 가는 돛배가 바다나 강의 주요한 운송 수단이었다. 그런데 바다나 강이 아닌 우주 공간에도 바람으로 가는 돛단배가 떠다니고 있다. 이름은 '이카로스'.

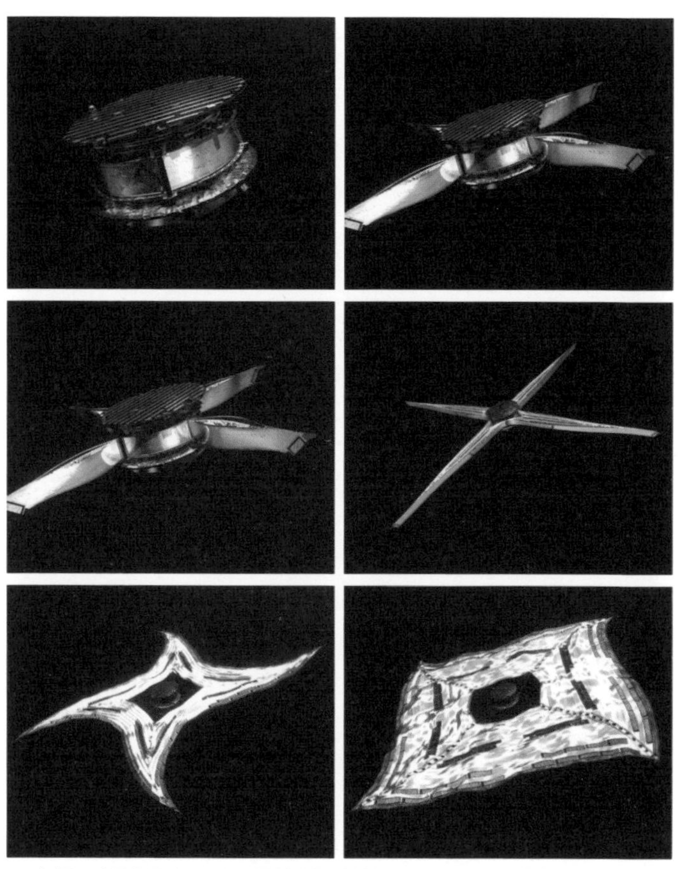

▲ 이카로스가 돛을 펼치는 모습. 원통형의 몸체를 돌려 바람개비 형태로 돛을 펼치면 완전한 4각형으로 변신한다. ©JAXA

이카로스는 날개를 만들어 섬을 탈출하다 바다로 추락해 죽은 그리스 신화 속 인물이다. 아버지의 도움으로 새의 깃털을 모아 날개를 만들어 섬을 벗어나는데 성공했지만 너무 높이 올랐던

게 화근이 돼 결국 뜨거운 태양열에 날개가 녹아 바다에 떨어져 버렸다. 하지만 이카로스는 다시 우주 공간에서 부활했다.

'이카로스 우주 돛단배'는 2010년 5월 일본에서 발사돼 지금은 금성 근처를 비행하고 있을 것이다. 세계 최초로 기록된 우주 돛단배 이카로스는 행성의 중력을 이용하거나 자체 탑재한 동력으로 비행하는 일반적인 우주 탐사선의 추진 방식과는 전혀 다른 방법으로 비행한다.

일본은 태양계의 역사를 연구하기 위해 태양계의 더 깊숙한 곳까지 가보기를 원했다. 그리고 크고 복잡한 엔진이 아니라 연료를 사용할 필요가 없이 효율적으로 먼 우주로 가는 탐사선을 개발하기로 했다. 태양이 뿜어내는 작은 입자, 즉 태양풍을 바람처럼 이용하는 우주선 개발을 추진한 것이었다.

이 같은 우주 돛단배 개념은 1924년 옛 소련에서 처음 등장했다. 우주 돛단배는 이른바 태양풍을 이용해 추진력을 얻는다. 태양풍은 사실 바람 '풍風'자를 써 표현하고 있지만 지구의 바람과는 전혀 달리 태양에서 고속으로 날아오는 전하를 띤 에너지 입자를 뜻한다. 이 입자들이 돛에 부딪힐 때 생기는 미세한 힘이 우주선을 밀어내고 계속 가속도가 붙어 점점 빠른 속도로 우주 비행을 할 수 있게 된다.

『코스모스』의 저자 칼 세이건도 약 40년 전 우주 돛단배 개념을 제시했고, NASA는 실제 우주 돛단배 제작에 들어가기도 했지만 실제 발사로 이어지지는 않았다.

태양은 이런 태양풍을 끊임없이 우주 공간에 방출하는데, 그 속도는 무려 초속 500km에서 빠르게는 900km에 이른다. 태양풍이 통과하는 곳에는 강력한 자기장이 발생하고 태양풍은 태양계 끝까지, 아니 그 이상까지 도달할 수 있다. 따라서 태양풍을 타고 가는 돛단배 이카로스는 태양계를 벗어나 어디까지 갈 수 있을지 아직은 누구도 모른다.

이런 우주 돛단배가 연구되기 시작한 것은 아주 단순하고 명료하다. 더 적은 연료로 더 멀리 더 빨리 비행할 수 있는 방법을 찾고 싶기 때문이다.

이카로스는 아주 얇은 박막 필름으로 만든 돛을 가졌다. 원통형으로 제작된 이 우주선은 일단 대기권을 벗어난 뒤 본체의 원심력에 의해 날개를 조금씩 풀어낸다. 처음에는 마치 미리 접어놓은 바람개비 형태로 변한 다음 돛을 다 펼 때까지 회전하면서 거대한 정사각형 모양으로 탈바꿈한다. 일본인들의 오랜 전통인 특유의 종이접기 실력이 발휘된 것이랄까? 마치 접힌 종이가 펼쳐지는 모습으로 재미있는 우주쇼, 우주 이벤트가 진행된다.

이카로스는 직경 1.6m에 높이 0.8m의 깡통형 본체에 한 변의 길이가 20m 가까운 정사각형 모양의 넓은 돛을 달고 있는데, 얼핏 보면 한국의 방패연을 연상시킨다. 이카로스의 돛인 초박막 필름의 두께는 머리카락보다 훨씬 얇은 0.0075mm에 불과하다는 것이 재미있다. 아주 약한 힘에도 쭉 찢어져 버릴 것 같은데 우주 공간의 자외선과 방사선은 물론 영하 200도에서 영상 200도를 넘나드는 극심한 온도의 변화에도 견딜 수 있다.

이카로스는 보이저호처럼 혹시 모를 외계 문명과의 조우에 대비해 지구에서 보내는 메시지를 담고 있다. 일본우주항공개발기구 JAXA는 신화 속의 이카로스는 비록 추락했지만 자신들이 쏘아 올린 이카로스는 아주 높게 날기만 할 뿐 절대 추락하지 않을 것이라고 했다.

태양의 힘을 빌려 세일링을 하는 일명 솔라 세일Solar Sailing 기술을 우주에서 검증한 것은 일본의 이카로스가 처음이지만 이후 두 대의 우주 돛단배가 더 우주에 띄워졌다. 미국 행성협회가 2015년 라이트세일Light Sail을 발사했고, 2019년 6월 다시 라이트세일 2호를 발사했다.

▲ 미국 행성협회가 2019년 6월 우주로 발사한 라이트세일 2 ©The Planetary Society

우주 돛단배들은 지금 이 시간에도 '고독한 여행자'가 되어 저 끝을 알 수 없는 우주의 구석구석을 누비고 있다.

외계인을 찾는 사람들, 리얼 콘택트

1997년 개봉한 영화 〈콘택트〉는 외계 문명과의 만남을 그린 가장 유명한 영화 중 하나다. 칼 세이건이 쓴 소설이 원작이다. 외계 문명의 존재를 찾는 과학자 엘리 애러웨이가 어느 날 '베가성'에서 은하계를 여행할 수 있는 우주선의 설계도가 담긴 특별한 신호를 받게 되면서 전개되는 이야기다.

태양계가 속해 있는 우리 은하계에는 태양과 같은 항성들이 약 4천억 개 이상 있다고 추정된다. 그리고 우주 공간에는 이런 은하계가 최소 1천억 개 존재한다. 지구와 같은 행성들의 수는 헤아리기 어렵다.

이렇게 드넓은 공간에 오로지 지구라는 행성에만 생명체가 존재할까? 그렇지 않다는 것이 더 합리적인 판단이다. 때문에 영화 〈콘택트〉

▲ 영화 콘택트의 한 장면 ©워너브러더스

의 주인공처럼 외계의 지적 문명을 찾으려는 시도는 계속 이어져 왔다.

미국의 천체물리학자인 코넬대의 프랭크 드레이크Frank Drake 박사는 인간과 교신할 수 있는 외계 문명이 얼마나 되는지를 계산할 수 있는 '드레이크 방정식'을 만들었다. 그의 방정식에 따르면 우주에는 1,000개 이상의 외계 지적 문명이 있을 것이라는 추정이 나왔다.

1960년, 드레이크 박사는 이런 계산 아래 직경 26미터의 전파망원경을 설치하고 본격적으로 외계 전파를 찾는 '오즈마 프로젝트Project Ozma'를 시작한다. 프로젝트의 목표는 비교적 태양과 가깝고 유사한 고래자리의 타우별과 에리다누스강자리의 엡실론별에서 날아오는 전파 신호를 찾는 것이었다. 전파는 빛의 속도로 한 번에 많은 양의 정보를 보낼 수 있고, 항성 간에 존재하는 가스나 먼지도 그대로 통과하기 때문에 항성 간 교신 방법으로 아주 적합한 특성을 갖고 있기 때문이었다.

지구에서도 TV, 라디오 등이 사용하는 전파가 계속 우주 공간으로 날아가고 있는데 만일 고도로 발달한 외계 문명이 존재한다면 그들도 우리처럼 전파를 이용하고, 또 외계에서 날아오는 전파를 찾고 있을지 모른다.

오즈마 프로젝트는 외계의 지적 생명체를 탐색하는 최초의 프로젝트였는데 그 이후 지금까지도 외계의 지적 생명을 찾기 위한 연구가 지속되고 있다. 이런 활동을 통칭해 'SETISearch for

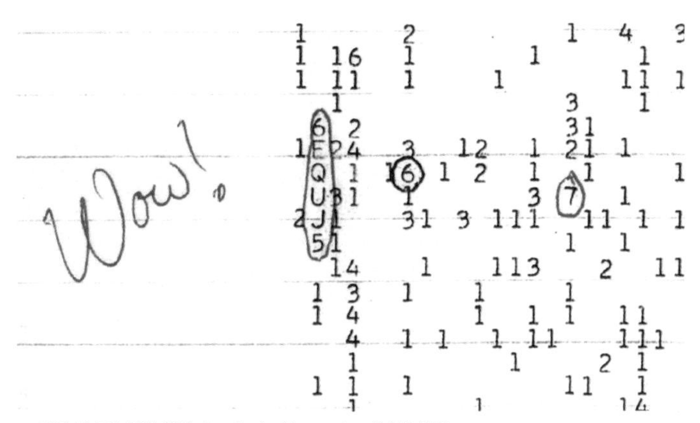

▲ 와우 신호의 발견 ©Big Ear Radio Observatory & NAAPO

Extra-Terrestrial Inteligence, 외계 지적 생명체 탐사'라고 부른다. SETI는 앞서 소개한 칼 세이건의 영화 〈콘택트〉를 통해 대중들에게도 널리 알려져 있다.

SETI 프로젝트는 크게 두 방향으로 진행되어 왔다. 외계에 지적인 생명체가 사용했을지도 모를 신호를 탐지해 그들의 존재를 확인하는 수동적인 SETI와 반대로, 우리가 먼저 어딘가 존재할 수 있는 외계 지적 생명체를 향해 신호를 보내고 회신을 기다리는 형식의 능동적인 SETI다. 지금까지 진행된 수동적 SETI 중 가장 대표적인 성과는 이른바 '와우! 신호Wow! Signal'의 발견이다.

1977년 8월, 미국 오하이오 주립대의 제리 이만 박사는 소속 대학에 설치된 '빅이어Big ear 망원경'이 수신한 전파를 분석하던 중 특별한 신호를 발견한다. 외계에서 왔을지 모르는 신호였다.

▲ 미국 캘리포니아 실리콘밸리에 위치한 SETI 본부 ©SETI

그는 너무 놀란 나머지 종이에 '와우!WOW'라고 적었다. 와우 신호는 72초 동안 계속됐다. 하지만 이 신호가 지적 외계 생명체가 보낸 신호인지를 확인하려면 그 후에도 반복적으로 나타났어야 했지만 아쉽게도 신호는 더 이상 나타나지 않았다. 때문에 이 신호가 정말 외계에서 온 것인지는 여전히 논란거리다.

능동적 SETI는 1974년, 푸에르토리코의 아레시보Arecibo 관측소에서 구상성단 M13을 향해 '아레시보' 메시지를 보낸 것을 시작으로 한다. 이후 능동적 SETI 연구자들은 2013년까지 모두 26차례에 걸쳐 수십 광년 정도 떨어진 비교적 가까운 천체들에 메시지를 보냈다. 2009년 11월 7일, '티가든의 별' 천체로 보낸

'RuBisCo Stars' 메시지가 2022년 도착하는 것을 시작으로 각 메시지들은 2069년까지 각각 목표 천체에 도달하게 된다. 보내는 데만 수십 년이 걸리고, 다시 답신을 받는데[만일 그곳에 우리가 보낸 신호를 수신해 분석할 수 있는 능력을 가진 지적 생명체가 있다면] 다시 그만큼의 시간이 걸린다.

SETI 프로젝트는 1992년, 미 항공우주국 NASA에 의해 주도적으로 진행될 정도로 주목을 끌었다. 하지만 별다른 성과를 내지 못하면서 예산 낭비라는 비판을 받았고, 미국 정부의 지원이 이뤄진 지 1년 만에 의회에 의해 예산이 전액 삭감되는 비운을 겪기도 한다.

외계 생명체는 존재할까?
세계가 함께 하는 'SETI'

그럼에도 불구하고 외계 생명을 찾고자 하는 사람들의 도전은 중단되지 않았다. 민간의 과학자들까지 자발적인 노력과 후원이 이어졌다. 1984년 비영리단체 'SETI 연구소SETI Institute'도 설립됐다. 빌 게이츠와 함께 마이크로소프트를 설립한 세계적인 억만장자 폴 앨런이 SETI 프로젝트의 대표적인 기부자다. 2001년엔 폴 앨런이 기부한 2,500만 달러[약 280억 원]로 오로지 외계에서 오는 전파 신호만을 찾는 수십 대의 대형 전파망원경들이 구축됐다.

▲ 앨런(Allen) 군집 전파망원경 ©SETI

이 망원경들은 미국 캘리포니아 샌프란시스코 북동쪽 약 470km 지점의 햇크릭 관측소Hatcreek Observatory에 설치됐다. 직경 6m짜리 전파망원경 42개가 군집을 이루고 있는데, 기부자의 이름을 따 '앨런 망원경 집합체Allen Telescope Array, ATA'라고 명명됐다.

ATA는 외계에서 발신됐을 가능성이 있는 수백만 개의 무선 주파수 신호를 탐색하고 있다. ATA가 생기기 전까지는 SETI는 영국의 천문대와 푸에토리코 아레시보 전파 천문대를 1년에 20일 정도만 빌려 쓸 수 있었다. ATA는 SETI 연구소와 미국 UC 버클리대가 함께 운영하고 있는데, 이들은 전파망원경을 모두 350개까지 설치해서 2020년대 중반까지 의미 있는 외계 전파 신호를 한 개 이상 찾아낸다는 목표를 세웠다.

전 세계 연구자들의 자발적인 참여도 SETI 프로젝트가 중단되지 않는 큰 이유다. 1994년, 62개국의 천문학자 1,500명이 비영리 연구 조직인 SETI 리그League를 출범시켰다. SETI 리그는 27개국에 있는 143개의 전파망원경을 활용해 지구 곳곳에서 우주를 탐색하는 '아르구스Argus' 프로젝트를 진행하고 있다.

연구자들이 아닌 순수 일반인들도 SETI 연구에 참여하고 있다. 1999년에는 UC 버클리대학을 주축으로 'SETI@home' 프로젝트가 시작됐다. 말 그대로 집에서 하는 외계인 찾기 프로젝트다. 연구팀이 공개한 프로그램을 각자 집에 가지고 있는 PC에 설치하면, 해당 PC가 사용되지 않는 동안 자동으로 전파망원경 신호 데이터를 분석해 버클리대로 보내는 분산 컴퓨팅 방식으로 외계 신호를 분석한다. 방대한 신호 데이터 분석을 위해 큰 비용이 드는 슈퍼컴퓨터를 사용하는 대신 집집마다 인터넷에 연결돼 있는 PC를 활용하는 아이디어다. SETI@Home에는 전 세계 50만 대 이상의 PC가 참여했다.

세계 각국의 연구자들도 자발적으로 SETI 연구를 진행하고 있다. 우리나라에서도 2009년, 국가 연구기관인 한국천문연구원KASI과 한국과학기술정보연구원KISTI이 'SETI 코리아'를 만들어 연구를 시작했다. 한국천문연구원이 전파망원경으로 수집한 관측 데이터를 제공하고, 슈퍼컴퓨터를 다루는 한국과학기술정보

연구원이 이를 받아 SETI 프로젝트에 참여하는 연구자들에게 데이터 분석을 분배하는 형태였다. 그러나 데이터 호환 등의 기술적 문제 등으로 계속되지 못하고 일 년 만에 중단되고 말았다.

여러 노력들에도 불구하고 아직 외계 문명의 흔적은 발견되지 않고 있다. 그러나 IT 기술이 급속도로 발전하면서 SETI 프로젝트에도 획기적인 도약이 일어날 것이라는 기대감이 높아지고 있다.

마크 저커버그, 유리 밀러,
유명인들도 외계인 찾기에 나섰다

외계 문명의 존재, 그리고 그들을 찾기 위한 활동은 일부 천문학자나 관심 있는 소수만의 얘기가 아니다.

'브레이크스루 이니셔티브Breakthrough Initiative'는 우주 탐사와 외계 문명의 증거를 찾기 위해 2015년 시작됐다. 러시아의 유명한 벤처 투자가이자 억만장자인 유리 밀러가 거액을 기부하면서 시작됐고, 천재 물리학자 스티븐 호킹뿐 아니라 페이스북의 마크 저커버그, 구글의 세르게이 브린 등 실리콘밸리의 창업자도 함께하고 있다.

브레이크스루 이니셔티브는 상식과 기술의 한계를 과감히 깨고 인류의 우주 탐사를 획기적으로 발전시킬 수 있는 아이디어

▲ 브레이크스루 재단이 지원하는 스타샷 프로젝트 이미지 ©Breakthrough initiatives

를 발굴해 현실화하기 위한 과학기술 지원 프로그램이다. 인간의 비상한 상상력을 태양계 밖의 우주로 확대하기 위한 여러 연구를 지원하는 것이 목적이다.

2018년 봄 타계한 스티븐 호킹 전 케임브리지대 교수 등이 주도한 '브레이크스루 스타샷StarShot' 프로젝트도 그중 하나다. 4광년 떨어진 가장 가까운 천체 '알파 센타우리'에 한 세대 내에 도달할 수 있도록 빛의 속도 20%로 비행할 수 있는 우주 돛단배 기술을 입증한다는 연구에 1억 달러 규모의 연구비를 지원한다.

지구와 가까운 1백 만개의 별과 100개의 천체로부터 수신되는 모든 인공 전파와 광학 신호를 조사해 대중에 공개하는 '브레이크스루 리슨Listen' 프로젝트에 1억 달러, 외계 문명이 인류를 가장 쉽고 명확하게 이해할 수 있는 대표적인 메시지를 디자인하기 위한 '브레이크스루 메시지Message' 프로젝트에 1백만 달러, 지구와 유사한 행성을 발견할 수 있는 기술을 개발하고 가까운 외계 행성을 찾는 '브레이크스루 워치Watch'에도 수백만 달러가 지원되고 있다.

이 드넓은 우주에서 오직 인간만이 지적 생명체일 수는 없을 것이라는 생각을 누구나 한 번쯤 해 봤을 것이다. 외계인을 소재로 한 공상과학 영화가 유독 많은 이유기도 하다. 칼 세이건의 말처럼 사실 우주에서 지구에만 생명체가 존재한다는 건 엄청난 공간의 낭비다.

SETI 프로젝트를 비롯해 외계 문명을 찾기 위한 노력에 대한 회의적인 시각도 여전히 많다. 오랜 노력에도 불구하고 아직 어떠한 외계 문명의 흔적도 발견하지 못했기 때문이다. 하지만 포기하기엔 너무 성급하다. 앞서 언급한 능동적 SETI의 일환으로 1974년 아레시보 메시지가 보내진 구상성단 M13만 해도 지구로부터 2만 1천 광년 떨어진 곳에 있다. 그곳에서 우리가 보낸 메시지를 받고 즉시 답장을 보내도 4만 2천 년 후에나 받을 수 있다.

생명체가 살 수도 있다고 추정되는 천체의 거리는 모두 광년 단위다. 가까워야 수십 광년의 거리에 있다. 인류가 본격적으로 외계 지적 문명을 찾기 시작한 시간은 이제 고작 60여 년이 흘렀을 뿐이다. 지금까지 성과가 없다고 그만두기에는 우주는 너무나 넓다.

너무나 낭만적인 '스타맨'의 우주 드라이빙

우주 공간을 홀로 드라이빙하고 있는 스포츠카가 있다. 주인공은 전기차 업체 테슬라의 빨간색 2인승 전기 스포츠카. 도로에서 100km까지 가속하는데 4초, 최고 속도 시속 209km의 성능을 내는 차다. 하지만 우주에서는 차원이 다른 주행, 아니 비행을 펼치고 있다. 초당 약 11km의 속도로 말이다.

테슬라와 우주 기업 스페이스X의 CEO 일론 머스크가 우주에 차를 보내겠다고 밝혔을 때 많은 사람은 그의 또 다른 기행이 시작됐다고 비웃었다. 조롱이야 어쨌건 머스크는 2018년 2월에 첫 발사되는 스페이스X의 초대형 로켓 '팔콘-헤비Falcon-Heavy'에 자신이 소유하고 있던 1세대 2인승 전기 스포츠카를 실었다.

보통 우주 발사체의 첫 발사는 실패 확률이 매우 커서 중요한 탑재물보다는 콘크리트나 무쇠 덩어리 정도를 탑재한다. 하지만 머스크는 무의미한 중량 물체를 싣는 건 너무 시시하고 고리타분하다고 생각하고 본인 소유의 차를 탑재한 것이다.

2018년 2월, 미국 플로리다주 케네디 우주센터에서 거대한 팔콘-헤비가 발사되는 모습은 그야말로 장관이었다. 팔콘-헤비는 1969년 새턴5 이후 인류가 발사한 가장 강력한 성능을 자랑하는 로켓이었다. 팔콘-헤비는 첫 비행에서 멋지게 성공하며 빨간 스포츠카를 우주에 올려놓았다. 스페이스X는 이 장면을 유튜브에

▲ 빨간 스포츠카를 타고 우주로 간 스타맨 ©SpaceX

공개했다. 배경 음악BGM으로 영국의 전설적인 록스타 데이비드 보위David Bowie의 '라이프 온 마스'가 흘러나왔다. 이토록 낭만적이고 멋들어진 설정이라니!

사람들의 가슴을 설레게 한 건 데이비드 보위의 배경 음악만이 아니었다. '뚜껑'(?)을 연 빨간 스포츠카의 운전석에는 날렵한 우주복을 입은 마네킹 '스타맨Starman'이 타고 있었다. 그는 한 손으로 핸들을 잡고 나머지 한쪽 팔은 무심한 듯 운전석 문에 걸쳐 놓았다. 지붕이 열리는 럭셔리 스포츠카를 타고 여유로운 드라이빙을 즐기는 모습 그 자체였다. 게다가 스타맨이 즐기는 풍경은 고작 사막이나 산, 해안 도로 정도가 아니라 말 그대로 지구 전체였다.

▲ 지구를 등지고 화성을 향해 가는 스타맨 ©SpaceX

"Don't Panic!두려워 마!".

스포츠카의 실내 모니터에는 이런 문구가 쓰여 있었다. 세계적으로 유명한 코믹 SF 작가 더글라스 아담스Douglas Adams의 소설 『은하수를 여행하는 히치하이커를 위한 안내서』에 등장하는 문구였다. 앞으로 계속 황당무계한 일이 벌어질 테니 마음의 준비를 하라는 경고이면서, 하지만 당황하지 않으면 괜찮을 것이라는 격려이기도 하다. 이 계획을 조롱했던 사람들에게 일론 머스크가 보내는 소소한 복수이자, 생각지도 못한 더 멋있고 황당한 일들을 벌여 나갈 것이라는 예고랄까!

스타맨의 드라이빙이 시작되고 한동안 시간이 지난 뒤 스페이스X는 트위터를 통해 스타맨의 여행 궤도를 소개했다. 스타맨

▲ 스페이스X의 재활용 발사체 수거 바지선 Of Course I still Love You ©SpaceX

은 지구를 떠난 지 6개월여 만에 화성 궤도에 가장 가깝게 접근한 뒤 화성을 지나 계속 드라이빙해 나갔다.

스타맨의 다음 정류장은 '우주 끝에 있는 레스토랑'이다. 우주 끝의 레스토랑 역시 『은하수를 여행하는 히치하이커 2권』의 책 소제목이다. 평소 SF 소설을 광적으로 좋아하는 일론 머스크는, 은하수를 여행하는 히치하이커를 쓴 작가의 열렬한 팬이기도 하다.

스페이스X의 우주 개발 도구에는 SF 소설에서 따온 재미있는 이름이 많이 붙어있다. 스페이스X는 로켓 발사와 회수를 위해 두 대의 무인 바지선, 드론쉽을 보유하고 있는데, 이들도 장난같은 이름을 갖고 있다.

바지선의 한 대는 '지침을 숙지하라Just Read the instrunction', 나

머지 한 대는 '물론 저는 여전히 당신을 사랑해요Of Course I still love you'호다. 두 이름은 스코틀랜드 작가 이언 뱅크스Ian M.Banks의 공상과학 소설 『게임 플레이어』에 등장한 전함의 이름에서 따온 것이다.

지구-화성 궤도를 돌고 있는 스타맨과 스포츠카는 궤도 한 바퀴를 도는 데 557일이 걸린다. 태양과 지구, 화성에 가까워지기도 하고 멀어지기도 한다. 앞으로 지구와 가장 가까워지는 때는 2091년이다. 이때 스타맨과 스포츠카는 지구와 달 사이 거리만큼 떨어진다.

먼 여행 끝에 지구에 다가온다 해도 스타맨은 아마 다시 고향에 돌아오지 않고 지구나 금성에 충돌해 사라지게 될 것 같다. 하지만 스타맨의 스포츠카가 만일 지구로 떨어지더라도 사람들이 겪게 되는 피해는 없다. 스페이스X의 예상으로는 스타맨과 스포츠카가 100만 년 내 지구에 충돌할 확률은 6%. 사실상 거의 일어나지 않을 일이라는 뜻이다. 만일 충돌하더라도 대기권에서 산화되어 소멸되기 때문이다.

스포츠카와 스타맨의 현재 위치가 궁금하다면 엔지니어 출신의 벤 피어슨이란 사람이 개설한 '로드스터는 어디에 있나Where is Roadster'라는 위치 추적 사이트에서 확인해 볼 수도 있다.

아마도 스타맨이 비행한 화성 궤도를 따라 진짜 우주인이 비행하게 될 수도 있다. 우주로 나아가는 사람들, 그들은 어떤 낭만적인 광경을 만날 수 있게 될까?

그들의 희생이 남긴 것

지구를 떠난 첫 동물 '라이카'의 희생

인간은 스스로 우주로 나아간 지구상 유일한 존재지만, 우주에 나가 본 유일한 생명체는 아니다. 인간보다 먼저 우주로 날아간 동물들이 있었다. 사람들은 우주에 나가기 전에 다시 살아 돌아올 수 있다는 사실을 기술적으로 확인해야 했다. 이를 위해 동물들이 먼저 우주로 보내졌다. 의학 연구의 임상 시험 전에 동물실험을 먼저 거치는 것과 같은 과정을 밟은 것이다.

세계 최초의 인공위성 스푸트니크 1호를 지구 궤도에 올려 미국을 전율케 한 옛 소련은 또 한 번 세계를 놀라게 할 우주계획을 준비하고 있었다. 바로 사람이 직접 우주로 날아가는 '유인 우주 비행'이었다. 사람이 지구를 벗어나 우주에 간다니! 당시 일반인들은 상상조차 하기 어려운 일이었다.

소련은 반드시 세계 최초의 유인 우주비행이라는 타이틀을 거머쥐고 싶었다. 반드시 미국보다 먼저 우주에 사람을 보내야 했고, 반드시 안전하게 지구로 귀환시켜야 했다. 그래야 미국과의 우주 경쟁에서 계속 우위를 점할 수 있었다. 하지만 유인 우주 비행은 인공위성을 우주에 올리는 것과는 차원이 다른 문제였다.

소련 과학자들은 사람을 우주에 보내기 전에, 사람이 지구와 우주를 오가는 사이에 살아남을 수 있을지, 설령 살아 돌아온다고 해도 무언가 치명적인 손상을 입지는 않을지, 그리고 미처 생각지도 못한 어떤 일이 벌어지지는 않을지를 알아야 할 필요가 있었다. 그래서 과학자들은 생명체 실험 데이터를 확보하기 위해 인간에 앞서 '개'를 먼저 보내보기로 했다. 의학 연구를 위해 개를 실험 동물로 많이 사용해 왔기 때문이다.

소련 과학자들이 우주 실험에 투입할 개를 선택하는 기준은 독특했다. 먼저 품종이 우수하거나 사람의 보살핌 속에서 길러진 애완견은 배제됐다. 대신 혹독한 추위 속에서 홀로 살아남은 주인 없는 개가 선택됐다. 거리에서 막 자란 개가 극한 환경에 대한 적응력이 클 것이라는 생각에서였다. 또 작은 캡슐형 우주선에 타야 했기 때문에 6~7kg 정도의 작은 체구여야 했고, 표정이나 움직임을 보다 쉽게 관찰할 수 있도록 밝은색 털을 가져야 했으며, 우주복 설계가 쉽도록 성기가 노출되지 않은 암컷이 선택됐다.

이렇게 고른 개는 실제 우주 실험에 투입되기 전까지 거의 3년에 걸쳐 움직이지 않기, 우주복 착용하기, 우주선 안에서 음식 먹기, 원심력 적응하기 등 여러 훈련을 거쳤다. 이러한 복잡하고 어려운 과정을 거쳐 그 유명한 '라이카'가 탄생한다. 빈민가를 떠돌던 이름 없는 한 마리의 개가 세계 최초의 우주견으로 다시 태어난 것이다.

라이카는 스푸트니크 2호에 탑승한다. 스푸트니크 2호는 스푸트니크 1호가 우주에 오른 지 한 달 여 후인, 1957년 11월 3일 소련의 바이코누르 우주 발사장에서 발사된다. 스푸트니크 2호는 성공적으로 발사돼 예정된 궤도에 안착했다. 소련 전역에는 라이카가 우주선 내에서 짖는 소리가 방송됐다. 사람들은 세계 최초로 생명체가 지구 궤도를 비행하는 모습에 열광했다.

▲ 세계 최초의 우주견 라이카 ©NASA

스푸트니크 2호에는 산소 발생, 이산화탄소 제거, 온도 조절, 음식 공급 등 라이카의 생명을 유지시키기 위한 각종 장치들이 탑재되어 있었다. 라이카의 몸에도 맥박, 체온, 호흡 등 여러 생체 정보를 모니터링할 수 있는 센서들이 부착됐다.

스푸트니크 2호의 우주 비행으로 라이카는 사람 보다 먼저 우주 비행을 한 최초의 생명체로 기록됐지만 사실 인간을 위해 희생된 존재였다. 스푸트니크 2호는 다시 지구로 되돌아오지 않는 우주선이었고 라이카는 우주에서 죽음을 맞이해야 하는 운명이었다. 연구진은 라이카가 우주 공간에서 일주일 동안 계획된 실험을 마치고 고통 없이 생을 마감할 수 있도록 독극물이 든 먹이를 줘 안락사를 시킬 계획이었다.

실험이 끝난 뒤 소련은 라이카가 계획대로 일주일 동안 우주 공간에서 생존했다고 발표했다. 그 후 스푸트니크 2호는 라이카가 죽은 뒤에도 162일 동안 지구를 2,370회 돈 뒤 대기권으로

▲ 라이카의 우주비행을 기념하는 우표 ©NASA

진입해 불타 소실됐다. 당시 누구도 라이카 실험을 비난하거나 의문을 제기한 사람은 없었다.

그러나 라이카 실험이 끝나고 45년 뒤, 당시 라이카가 일주일 간 살아있었다는 소련의 발표는 사실이 아닌 것으로 밝혀졌다. 2002년 한 국제 학회에서 당시 스푸트니크 2호 프로젝트에 참여한 러시아 과학자 드미트리 말라센코프는 여러 자료들을 통해 라이카에 관련한 진실을 밝힌 것이다.

그가 제시한 자료들을 종합하면, 발사 직후 로켓의 단열재 불량으로 라이카가 타고 있는 우주선 내부의 온도가 41도까지 올라갔고 산소도 부족해졌다. 라이카의 심장박동은 3배 이상 치솟았고 극심한 스트레스를 겪다 발사 5~7시간 만에 관제센터로 전송되던 생명 신호가 끊겼다. 라이카는 당초 계획과는 달리 짧고 고통스럽게 생을 마감해야 했다.

하지만 라이카가 인간을 대신해 희생하면서 보내온 이 데이터들은 훗날 인간의 우주 진출에 중요한 과학적 지식과 기술적 배경이 됐다. 라이카의 희생은 인간이 우주로 진출할 수 있다는 용기와 자신감을 갖게 한 커다란 밑거름이라고 평가하기에 충분한 것들이었다. 사람들이 라이카의 희생을 기억하고 고마움을 표하는 이유이기도 하다.

라이카 이후에도 소련은 계속해서 생명체의 우주 실험을 진행했다. 1960년 8월, 우주로 발사된 스푸트니크 5호에는 암수 한 쌍의 개인 '벨카'와 '스트렐카'가 탑승했다. 벨카와 스트렐카는 라이카와는 달리 발사 하루 만에 지구를 17바퀴 돈 다음 지구로 무사히 귀환했다. 우주로 나간 생명체가 다시 무사히 지구로 돌아올 수 있다는 최초의 기술적 검증이었다. 심지어 우주 비행을 마친 스트렐카는 몇 개월 뒤 새끼 6마리를 낳았다. 스트렐카의 출산은 짧은 기간 우주 환경에 노출된다 하더라도 생명 활동에 지장이 없다는 것을 입증한 것이었다.

무사히 지구로 돌아온 벨카와 스트렐카와는 달리 소련의 우주 개발 과정에서는 라이카처럼 많은 개들이 희생됐다. 라이카 이후 우주로 간 소련의 시험견 12마리 중 8마리만이 살아서 귀환했다. 벨카와 스트렐카의 귀환도 인류 최초의 우주 비행사 유리 가가린의 성공도 이들에 앞서 우주로 나간 개들의 희생이 있었기 때문에 가능했다.

유인 우주 탐사를 위해 동물 시험을 먼저 한 것은 미국도 마찬가지였다. 라이카의 우주 비행 1년여 후, 1958년 미 해군은 다람쥐원숭이 한 마리를 중거리 유도탄에 싣고 우주로 보냈다가 다시 지구로 귀환하는 시험을 수행했다. '고르도'라는 이름의 이 원숭이는 이 시험에서 몸무게의 10배가 넘는 압력을 견디며 우주인의 지구 귀환 가능성을 확인시켰다.

▲ 우주 궤도를 비행한 원숭이 고르도 ©NASA

하지만 고르도 역시 죽음을 피하지 못했다. 지구로 귀환하는 과정에서 낙하산이 고장을 일으킨 것이었다. 고르도의 희생으로 우주선 캡슐의 낙하산 장치가 수정됐고, 다음 우주 실험 원숭이들은 안전하게 지구로 귀환할 수 있었다.

사람에 앞서 우주로 나간 동물들의 공로는 지대하다. 그들의 희생과 헌신이 없었다면 인간의 우주 진출 속도는 훨씬 느려졌을 수도 있다. 그들에게 경의와 감사를 보내는 것은 우주로 나아가는 인간의 도리이기도 하다. 인간의 우주 개발은 앞서 우주로 간 동물들에게 빚을 지고 있는 것이다.

우주왕복선 '챌린저호'의 비극

미-소 간 우주 경쟁이 한창이던 1980년대 미국은 우주 궤도를 오가는 우주왕복선Space Shuttle 개발에 사활을 걸었다. 미국은

1981년 첫 번째 우주왕복선 콜롬비아호Colombia를 시작으로 30년 동안 챌린저Challenger, 디스커버리Discovery, 아틀란티스Atlantis, 엔데버Endeaver 등 모두 5기의 우주왕복선을 제작해 모두 135회 우주 임무를 수행했다. 우주왕복선은 세계 최고의 우주 기술국으로서의 면모를 세계에 과시한 미국의 자랑이자 자부심이었지만 크고 작은 사고를 끊임없이 겪는 골칫거리기도 했다.

우주왕복선 역사에서 가장 큰 참사로 기록된 사고는 1986년 발생한 챌린저호 사고였다. 챌린저호는 '도전자'라는 이름만큼이나 미국 우주 프로그램 역사에서 여러 '최초' 타이틀을 남긴 우주왕복선이었다. 처음으로 밤에 발사해 밤에 귀환한 우주선이자, 처음으로 여성과 흑인 승무원이 탑승했으며, 최초로 우주 궤도에서 인공위성을 수리하기도 했다. 하지만 챌린저호는 이런 대단한 업적들보다 불행히도 사상 최악의 비극적인 우주왕복선으로 사람들의 기억 속에 각인되어 있다.

1986년 1월 28일, 미국 플로리다 케네디 우주센터는 챌린저호 발사 준비로 분주했다. 챌린저호의 10번째 발사로, 모두 7명의 승무원이 탑승하고 있었다. 이번 임무에는 특별히 '우주에 계신 선생님Teacher in Space'이라는 프로그램도 포함되어 있었다. 우주에서 원격으로 학교 수업을 진행하는 것이었다. 학생들에게 엄청난 관심과 영감, 도전 의식을 불러일으킬 수 있는 프로그램이었다.

'우주에 계신 선생님' 계획을 위해 NASA는 교사 1명을 선발했

▲ 챌린저호에 탑승한 승무원들. 뒤 왼쪽 두 번째 여승무원이 크리스타 맥컬리프 선생님
©NASA

다. 뉴햄프셔주 학교의 고등학교 사회 교사이면서 두 아이의 엄마인 크리스타 맥컬리프Christa McAuliffe 교사가 1만 1,000명의 지원자들과의 경쟁을 뚫고 우주에 오르게 됐다. 그만큼 이번 챌린저호 발사는 더 많은 사람들의 관심을 끌고 있었다. 더구나 기상 악화로 발사가 5일이나 연기돼 사람들의 기다림은 더 컸다. CNN을 비롯한 여러 방송사들이 미국 전역에 챌린저호의 발사를 생중계하고 있었다.

오전 11시 38분, 드디어 챌린저호가 발사됐다. 챌린저호는 힘차게 창공을 향해 날아오르기 시작하더니 서서히 동체를 회전하며 속도를 올렸다. 비행은 안정적으로 진행되는 듯 보였다. 챌린저호가 가르는 플로리다의 하늘은 너무나 청명했다. 생중계를 전하던 TV 기자들은 커다란 로켓이 비행하는 장엄한 장면을 묘사하면서 앞으로 진행될 비행 과정을 설명하고 있었다. TV 전국 시청률은 17%에 달했다.

발사 후 비행시간이 73초로 넘어간 순간… 너무나 충격적인 일이 벌어졌다. 하늘로 솟구쳐 오르던 챌린저호가 갑자기 폭발한 것이다. 공중분해된 파편들이 하얀 연기를 뿜으며 이리저리 제멋대로 파란 하늘로 흩날렸다. 로켓 양쪽에 달려 있던 부스터는 아무대로나 머리를 흔들며 날아갔다. 그 모습을 지켜보던 사람들은 경악한 채 입을 다물지 못했다.

이 장면은 고스란히 안방으로도 생중계되고 있었다. 발사 장면을 중계하던 CNN의 톰 민셔Tom Mintier 특파원도 입을 다물지

▲ 공중 폭발한 직후 챌린저호 ©NASA

못한 건 마찬가지였다. 챌린저호 발사 전부터 현장 상황을 전하던 그였지만 지금 이 순간 도대체 무슨 일이 벌어진 건지 아무런 말도 할 수 없었다. 방송 카메라가 그저 폭발한 곳만을 비추고 있을 뿐이었다.

전 세계는 충격에 빠졌다. 승무원들의 가족들뿐 아니라 우주로 가는 선생님을 지켜보던 전국의 학생들이 있었다. 챌린저호가 연기 속에 잠시 가려진 것 뿐 일거라 간절히 기도했지만 연기가 걷히고 난 곳 어디에도 챌린저호는 존재하지 않았다. 전 세계가 지켜보는 가운데 탑승자 전원이 사망한 대 참사였다.

폭발 원인은 작은 고무 링 하나. 막을 수 있었다

사고 직후 미국 정부는 사고 원인 파악에 나섰다. 청문회를 비롯한 여러 조사가 몇 개월에 걸쳐 이뤄졌다. 조사 위원회가 밝혀낸 직접적인 사고 원인은 '오링O-ring'이라 불리는 작은 고무 링 때문이었다. 고작 고무 링 하나가 잘못됐는데 이런 대 참사가 벌어지다니….

고무 링은 로켓 내부에서 고온 고압 상태의 연료가 배관 밖으로 새나오는 것을 방지하는 동그란 형태의 작고 아주 단순한 부품이다. 하지만 이 작은 부품은 로켓 전체의 안전에 직접 연관되는 중요한 것이었다. 배관의 연결 부위에 밀착돼 내부의 압력 변화에 따라 재빨리 형태를 바꿔가며 연소 가스가 새 나갈 수 있는 틈을 막는다. 압력보다 너무 강하게 압착되어서도 안 되고, 탄성이 떨어져 변형되는 속도가 느려서도 안 된다.

챌린저호 사고는 발사 당일 발생한 이상 한파로 인해 고무 링이 탄성을 잃어버려 발생했다. 배관 연결 부위에 생긴 틈새를 빨리 막지 못해 섭씨 3,000도 이상의 연소 가스가 새어 나와 화재를 일으킨 것이었다.

고작 단순한 부품 하나가 대 참사의 원인이 되었다는 것은 사람들에게 큰 충격을 줬다. 하지만 사고조사 위원회가 밝힌 조사 결과에는 그보다 더 큰 논란을 일으킨 사실이 있었다. 챌린저호 발사 전날 보조 로켓 제작사가 발사를 반대했었다는 사실이 밝혀진 것이었다.

발사 전날 저녁. 발사장이 있는 플로리다, NASA 마셜 우주비행센터가 있는 앨라배마의 헌츠빌, 보조 로켓 제작사인 모턴 티오콜 사의 본사가 있는 미국 유타주의 엔지니어들이 전화로 연결됐다. 보조 로켓의 준비 상황을 고려해 다음날 발사가 가능한지를 검토하는 회의였다. 이 자리에서 로켓 제작사가 발사를 추천해야만 NASA는 발사를 진행할 수 있었다.

그런데 티오콜 엔지니어들이 발사를 연기하자는 의견을 제시했다. 발사 당일 기온이 급강하할 것으로 예상됐는데, 영상 12도 이하의 온도에서 고무 링의 성능이 제대로 유지되는지에 대한 시험 데이터가 없었던 것이었다. 티오콜 측의 엔지니어들은 고무 링이 제대로 작동할지 정확히 예측할 수 없으므로 발사를 중단하자고 제안했다. 하지만 모든 발사 준비를 마치고 있었던 NASA가 크게 반발했다. NASA는 발사 전날에서야 새로운 발사 조건을 제기한 티오콜에 대해 강한 불만을 터트렸다. NASA의 불만이 터져 나오자 티오콜은 내부 회의를 거쳐 30분 만에 '발사 연기' 의견을 '발사 권고'로 손바닥 뒤집듯 바꿔버렸다.

당시 티오콜의 회의에는 엔지니어들 외에도 경영진이 자리하고 있었다. 엔지니어들의 의견을 뒤집어 버린 건 바로 이들이었다. 이들은 '기술' 보다 다른 요건을 더 중시했다. 가장 중요한 고객인 NASA의 심기가 기술적 이슈보다 우선적인 판단 기준이 됐던 것이었다. 엔지니어들은 강하게 반발했지만 묵살됐다. 발사장과 마셜 우주센터에 있던 NASA 측 관계자들은 티오콜의 이런 내부 사정까지 알지 못했다.

사실 이상한 상황이었다. 평소 같았으면 이 회의는 티오콜이 발사를 권고하고 NASA는 얼마나 안전한지를 계속 반박하며 안전성을 재차 확인하는 자리여야 했다. 그러나 이날 회의는 오히려 거꾸로 제작사인 티오콜이 안전하지 않다고 하는데 NASA가 안전하다고 주장하는 꼴이 되어 버렸다.

사고 이후 NASA는 이 회의에서 논의된 내용을 제대로 밝히지 않았다. 티오콜 역시 NASA를 보호하는 태도를 취했다. 여러 이해관계가 맞아떨어졌던 것이었다. 그러나 사실을 감출 수는 없었다. 이날 회의에서 끝까지 고무 링의 위험성을 제기하고 경영진의 결정에 불복했던 티오콜 엔지니어들이 사고조사 위원회에 나가 용기 있는 증언을 감행한 것이었다.

미국의 우주 개발은 이 사고로 치명타를 입었다. 우주왕복선 운용은 2년 8개월 동안 중지됐다. 세계 최고의 우주 기술을 뽐내던 우주왕복선은 커다란 기술적 결함을 안고 있었다. 이 일로 미국의 자부심이자 전 세계의 관심과 존경을 받고 있는 NASA의 심각한 폐쇄적 조직문화도 큰 문제로 드러났다.

미국은 챌린저호 사고를 계기로 우주 개발 시스템 전체를 바꾸기 시작했다. 사고 이후 3년여의 시간 동안 우주왕복선의 설계 변경 작업이 진행됐다. NASA의 조직 문화가 상당한 변화를 보인 뒤에야 다음 우주왕복선의 임무 수행이 재개됐다.

사고 이후 NASA가 펴낸 챌린저호 사고 보고서의 서문은 챌린저호 사고를 대하는 그들의 자세가 담겨 있었다.

"사람과 시스템이 바뀌면 모든 건 잊힌다. 그러나 챌린저호의 교훈은 절대 잊혀서는 안 된다."

챌린저호 사고는 미국뿐 아니라 세계의 우주 개발 분야에도 큰 영향과 교훈을 남겼다. 가장 중요한 것은 기술적인 측면에서는 우주왕복선 같은 거대하고 복잡한 시스템도 하찮아 보일 수 있는 고무 링 같은 기본 부품으로 인해 실패할 수 있다는 점을 명심해야 한다는 것을 각인시킨 것이었다. 로켓에서 사소한 부품은 없으며, 결국 보잘것없어 보이는 작은 부품 하나라도 치명적인 결과를 초래하는 원인이 될 수 있다.

기술적인 자료에 근거한 의사 결정을 정치 등 여러 외적인 이유로 바꿀 경우 되돌릴 수 없는 치명적인 결과를 초래할 수 있다는 사실도 보여줬다. 기술적 결론과 조직의 이해관계가 서로 충돌할 경우 무엇을 선택의 기준으로 삼아야 하는지에 대한 분명한 가르침이었다.

15년 동안 화성에 살았던 '오퍼튜니티'.
굿바이!

사람들은 태양계 여러 행성들에 대한 궁금증을 풀기 위해 무인 탐사선과 로봇을 보내왔다. 그들은 도무지 인간이 도달할 수 없는 저 먼 우주 깊은 곳까지 날아가 상상으로도 제대로 그릴 수 없었던 장엄한 우주의 모습을 생생히 전달해 주었다. 직접 가보지 않고는 결코 알 수 없는 신비로운 천체 현상의 비밀을 풀 수 있는 힌트도 보내왔다.

그들은 비록 홀로 외롭게 태양계 어딘가에서 잠들거나 혹은 지금도 어딘가를 떠돌고 있지만, 그들이 남긴 위대한 탐험의 결과는 인류가 우주를 더 잘 이해하고, 우주 공간을 더 많이 영위할 수 있는 바탕이 되었다.

▲ 화성 표면을 탐사하는 오퍼튜니티 상상도 ©NASA

무인 탐사선들의 활약은 제각각 나름의 중요한 의미와 스토리들을 가지고 있지만 그중에서도 계획 보다 훨씬 길고 장대한 임무를 수행한 우주 탐사선과 로봇이 있다. 화성 지표를 탐사한 로버 '오퍼튜니티'와 토성 탐사선 '카시니호'다.

2003년 7월 7일[국제표준시], 발사된 화성 탐사 로버 오퍼튜니티Opportunity는 2004년 1월 25일, 화성의 메리니아니 평원에 착륙했다. 한 달 먼저 화성으로 출발한 쌍둥이 형 스피릿Spirit이 화성의 적도 남쪽 구세브 분화구에 착륙한 지 3주 뒤였다.

오퍼튜니티는 곧 화성 지표 탐사에 착수했다. 당초 설정된 임무 기간은 90일. 오퍼튜니티의 핵심 임무는 화성에 존재했을 수도 있는 물의 흔적을 찾는 것이었다. 앞서 NASA의 화성 궤도선 바이킹 1호와 2호가 촬영한 화성 지표의 물길 사진이 정말로 물이 흘렀던 흔적인지를 확인하려는 것이었다.

오퍼튜니티는 화성에 물이 있었다는 것을 알아내는데 결정적인 역할을 했다. 화성 표면을 돌아다니면서 수집한 자료들은 과학자들이 적어도 수 킬로미터에 걸쳐 물이 흘렀었다는 것을 파악하는 근거가 됐다. 특히 화성 표면의 점토 광물을 분석한 자료는 약 40억~35억 년 전 화성에 PH 중성 상태의 물이 흘렀다는 사실을 말해주는 것이었다. 이는 지구에서 생명체가 탄생했을 때 즈음 화성도 생명체가 존재할 수 있는 환경이었다는 점을 말해주는 엄청난 과학적 사실이었다.

오퍼튜니티의 활약이 눈부셨던 것은 무엇보다 당초 예상 수명의 60배에 달하는 기간 동안 탐사를 지속했다는 점이다. 3개월짜리 불과했던 오퍼튜니티는 무려 15년 동안 활약했다. 초속 1cm의 속도로 마라톤 구간만큼의 45.16km를 움직였다. 15년간 45km라니 무척 짧은 거리 같지만 사실 NASA 과학자들이 처음 설정한 오퍼튜니티의 이동 거리는 불과 1,000m 즉, 1km였다. 오퍼튜니티의 이동 거리는 지금까지 달과 화성에 착륙해 탐사 활동을 벌인 로버 가운데 가장 긴 기록이기도 하다.

오퍼튜니티가 이처럼 길게 활동할 수 있었던 것은 화성의 강한 바람이 전력을 생산하는 태양광 패널에 쌓이는 먼지와 모래를 날려 버린 덕분이었다. 충전지 성능도 예상보다 아주 좋았다. 그러나 2018년 5월 말, 화성 궤도를 돌고 있던 NASA의 화성 탐사선은 오퍼튜니티가 탐사 활동을 벌이고 있었던 엔데버Endeaver 분화구 인근에 엄청난 모래폭풍이 불어닥친 것을 포착했다. 이 폭풍은 곧 화성 전체로 퍼져 나가 화성 대기를 가려 버렸다. 태양광으로 전력을 생산하는 오퍼튜니티에게는 치명적인 상황이었다. 배터리 충전이 불가능해지면 우선 추위로부터 내부 장치를 보호하는 히터를 가동할 수 없어 고장을 일으킬 수 있었다.

이 모래폭풍은 좀처럼 잦아들지 않았다. 그리고 우려했던 일이 결국 현실이 됐다. 오퍼튜니티가 배터리를 충전할 수 없게 된 것이었다. NASA는 오퍼튜니티가 더 이상 에너지를 소비하는 것을 막기 위해 동면 상태로 전환됐다. 조금이라도 에너지가 남아 있어야 재충전해 다시 깨어나는데 유리했기 때문이다. 그러나 모래폭풍은 야속하게도 석 달 여 더 지속됐다.

모래폭풍이 걷힌 후 NASA는 오퍼튜니티의 재충전을 기대하며 잠든 오퍼튜니티를 깨우려고 시도했다. 앞서 2007년에도 두 달여의 모래폭풍 뒤에 극적으로 회생했기 때문에 이번에도 희망을 버릴 수 없었다. 화성의 강한 바람이 오퍼튜니티 태양광 패널에 쌓인 모래를 털어내길 기대했다. 오퍼튜니티와의 교신 재개 시도는 8개월여 동안 계속했다.

하지만 간절한 부름에도 불구하고 오퍼튜니티는 끝내 답을 하

▲ 오퍼튜니티가 가파른 언덕 주행 후 태양전지판에 묻은 화성 토양 또는 먼지
©NASA_JPL_Caltech

지 못했다. NASA는 2019년 2월 12일 밤 마지막 신호 송신을 끝으로 더 이상 교신 시도를 하지 않기로 결정했다. 오퍼튜니티로부터 신호를 받을 수 있는 가능성이 너무 낮아져 더 이상의 회생 노력이 의미 없다는 결론에 이르렀기 때문이었다.

오퍼튜니티 운용을 담당하는 책임자는 "마음속의 깊은 감사를 담아 '오퍼튜니티'가 임무를 마쳤음을 밝힙니다"라고 공식 임무 종료를 선언하면서 오퍼튜니티의 노고를 기렸다. 인간을 대신한 또 하나의 위대한 우주 탐사가 막을 내린 순간이었다. 15년간 오퍼튜니티가 지구로 보낸 사진은 모두 21만 7,594장에 이르렀다. 360도 파노라마 사진 15장도 있었다. 과학자들은 이 귀중한 자료들을 이용해 화성의 베일을 계속 벗겨 나가고 있다.

'카시니'의 마지막 미션 'Grand Finale'

2017년 9월 15일, 오전 9시 45분[세계표준시], 토성 탐사선 '카시니Cassini호'가 무서운 속도로 토성 대기권으로 진입하며 장렬한 불꽃으로 산화했다. 버스만 한 크기에 무게가 5.8톤에 이르는 큰 우주선이었지만 토성 대기에 부딪히며 불타 없어지는 데에는 1초가 채 걸리지 않았다. 카시니호의 20년에 걸친 장대한 임무의 끝은 토성의 일부가 되는 것으로 끝이 났다.

카시니호는 인간이 만든 우주선 가운데 토성에 가장 가깝게 다가간 우주선이었다. 1997년 10월 15일 발사 이후 20년 동안 지구와 태양 간 거리의 50배가 넘는 79억 km를 비행했다. 카시니호는 인류가 범접하지 못할 것 같았던 머나먼 토성과 그 위성들의 세세한 비밀들을 풀어 지구로 보내왔다. 인류는 카시니호가 촬영한 사진으로 지금까지 한 번도 본 적 없었던 토성과 그

▲ 카시니호 비행 상상도 ©NASA

고리의 선명한 모습을 볼 수 있었다.

2017년 초, 카시니호가 지구를 출발한 지 20년째가 되면서 카시니호의 연료가 바닥을 보였다. 카시니호는 일반적인 우주선들과 달리 태양 에너지를 사용하지 않고 자체 에너지원을 탑재하고 있는 우주선이다. 더 이상 임무를 수행하기 어려운 상황이었다.

NASA는 카시니호의 최종 임무를 베일 속에 가려진 토성의 고리 속으로 들어가 탐사한 뒤 토성 대기권으로 뛰어들어 충돌하는 이른바 '죽음의 다이빙'으로 설정했다. 토성 고리 탐사는 고리의 가장 안쪽 지역과 토성 대기층 사이의 공간을 22차례 반복 통과하는 것이었다. 너비 2,400km에 이르는 공간이었다. 이 임무를 마치면 카시니호는 대담하게 토성의 대기로 날아들어 장렬

▲ 카시니호가 토성에서 110만 km 떨어진 곳에서 촬영한 토성의 모습
©NASA_JPL_Space Science Institute

하게 산화해야 했다.

2017년 4월 27일, 이 공간을 뚫고 들어가 처음으로 토성의 생생한 이미지를 지구로 전송했다. 카시니호가 보내온 데이터는 토성과 토성 고리 사이가 비어있다는 것을 확인시켜 줬다. 카시니는 토성 중력장과 자기장, 대기와 고리의 구성 성분 등에 대한 자료를 계속 수집했다.

22차례에 걸친 토성 고리 통과 임무를 완벽하게 마무리한 카시니호는 2017년 9월 12일, 토성 대기권 충돌을 위한 항로로 변경한 뒤 2017년 9월 15일, 마침내 토성 대기층으로 뛰어들어 20년에 걸친 대 탐사를 마무리했다. 카시니호를 영원히 토성 궤도를 도는 우주선으로 남겨 두지 않고 불태워 없앴던 것은 토성 생태계를 위한 것이었다. 혼자 버려진 카시니호가 토성 궤도를 돌

SPACE BREAK

카시니호가 밝혀낸 토성의 비밀들

'카시니호'는 2004년 토성에 도착한 뒤 4년 정도 운용이 가능할 것으로 예상됐었다. 하지만 2008년까지 임무를 수행한 뒤에도 아무런 문제를 일으키지 않았다. 연료도 충분했다. NASA는 2008년과 2010년 각각 카시니 프로젝트를 계속 연장했고, 무려 13년 동안 계속됐다. 카시니호는 이 기간 동안 토성 궤도를 294회 선회하며 토성의 비밀을 풀어 지구로 보내왔다. 카시니호가 토성에 가지 않았다면 절대로 알아낼 수 없는 토성의 비밀들이 밝혀지기 시작했다. 카시니호는 토성 구름층에서 발생하는 폭풍과 토성의 대기, 표면을 관측했고, 10개가 넘는 토성의 위성들과 고리의 구조와 성분을 탐사했다. 처음으로 토성의 계절 변화를 관찰할 수 있었다. 또한 토성의 고리는 사실 무수한 얼음으로 이뤄져 있으며, 이 얼음들이 토성과 중력 작용을 하며 서로 충돌하고 합쳐지기도 하면서 고리를 유지한다는 사실도 밝혀졌다.

카시니호는 또한 토성의 위성인 타이탄과 엔켈라두스에 바다가 있다는 증거를 찾아내면서 이들 위성에 생명체가 서식할 수 있다는 예측도 가능하게 했다. 위성의 상공을 비행하며 얼음 지각 아래 거대한 바다가 있다는 사실을 발견했고, 토성에서 일어나는 아름다운 육각형 구름이 극 소용돌이Polar Vortex라는 사실도 밝혀냈다. 카시니호는 지구에서 13억 km나 떨어진 먼 태양계의 내밀한 곳까지 생생하게 관찰할 수 있다는 사실을 증명해 주었다. 그곳에서 벌어지고 있는 생경하고 신비로운 현상들의 이유를 밝혀냈고 생명체가 존재할 수 있는 가능성도 보여주었다. 카시니호가 남긴 유산은 우리를 계속 우주 속으로 도전하게 하는 원동력이 되고 있는 것이다.

SPACE BREAK

토성까지 가는 방법 '스윙바이'

토성이 지구와 가장 가까울 때의 거리는 지구-태양 간 거리의 9배인 9AU, 약 13억 km다. 하지만 카시니호는 34억 km를 비행해 토성에 다다랐다. 지구상의 어떤 로켓도 카시니호를 지구에서 토성까지 일직선으로 비행시킬 수 없다. 우주선에 탑재된 연료를 사용하기에도 너무나 먼 거리다. 목적지까지 가는데 연료를 많이 사용하면 할수록 우주선의 임무 기간은 줄어든다. 그래서 과학자들은 중력도움gravity assist, 영어로 '스윙바이swing-by' 또는 플라이바이fly-by라는 방법을 고안해 냈다. 카시니호는 토성까지 가장 가까운 길로 곧바로 비행하지 않고 금성, 지구, 목성을 거치며 스윙바이했다.

스윙바이는 행성을 근접해 통과하면서 행성의 중력을 슬쩍 이용해 마치 잡아당기다 튕겨 버리는 방식으로 가속을 얻는 기법이다. 이론상으로 행성 궤도 속도의 2배까지 가속할 수 있다. 지구를 예로 들자면, 지구 궤도 속도가 초속 30km이므로 지구를 스윙바이하면 최대 초속 60km의 속도를 얻을 수 있다. 로켓을 이용해 지구 중력에서 벗어나기 위해서는 초속 11.2km의 속도가 필요한데, 슬쩍 행성을 지나면서 중력의 도움만으로 이 정도의 속도를 더 할 수 있으니 아주 효과적인 방법이다.

태양계를 벗어나 성간 공간을 비행하고 있는 보이저 1호도 스윙바이로 시속 62,000km까지 속도를 높였다.

다가 타이탄, 엔켈라두스 등 그곳의 위성들과 충돌할 경우 카시니호가 가지고 있던 유해한 물질이 방출돼 혹시 존재할지 모르는 그곳의 생명체에 영향을 줄 수 있기 때문이었다.

카시니호는 대기 마찰로 불타 사라지기 직전의 순간까지 안테나를 지구 방향으로 돌려 약 2분 동안 영상과 토성 대기 성분 자료를 지구로 전송했다. NASA는 카시니의 최종 임무를 '그랜드 피날레Grand Finale', 즉 위대한 최후라고 불렀다. 20년 동안 카시니호가 이뤄낸 수많은 영광의 순간에 대한 인류의 경이와 찬사가 담긴 이름이었다.

50대 남자가, 세 번째로 우주에 간 까닭은?

나이 오십이 넘어 사랑하는 가족과 1년을 떨어져 보내야 한다면 여간 고되고 슬픈 일이 아닐 것이다. 아이들을 해외로 유학 보내고 비용을 대기 위해 국내 직장에 남아 일하는 기러기 아빠 얘기가 아니다.

미국의 한 51세 남자는 스스로 가족과 장기간 떨어진 삶을 선택한다. 그가 가기로 한 곳은 마음만 먹으면 언제든지 집으로 돌아올 수 있는 곳도 아니었다. 바로 국제 우주정거장ISS이었기 때문이다.

이 남자는 우주에 처음 가는 사람이 아니었다. 이미 세 번의 우주 체류 경험을 가진 베테랑 우주인이었다. 우주에 대한 환상이나 명예 같은 개인적 욕망은 그가 다시 우주에 갈 마음을 먹게 한 동기가 아니었다.

▲ 스콧 켈리 ©NASA

그는 무엇을 위해 다시 철저히 고립된 우주 공간으로 날아가 1년을 보내기로 한 것일까?

2015년 3월 28일[한국시간], 미국의 우주인 '스콧 켈리Scott Kelly'는 국제 우주정거장ISS의 제45차 지휘관을 맡아 우주로 향했다. 2016년 3월 1일, 러시아의 소유스 우주선을 타고 지구로 귀환하기까지 그는 무려 340일을 계속해서 우주 공간에서 생활한다. 이로써 그의 통산 우주 체류 기간도 520일을 기록했다.

스콧 켈리는 이미 세 번이나 ISS에서 임무를 수행한 NASA 최고의 베테랑 우주인이었다. 35살이던 1999년에 처음 우주인이 되어 8일간 우주에 머물면서 허블 망원경을 유지 보수 임무를 수행한다. 8년 뒤인 2007년 다시 우주왕복선을 타고 ISS로 가 13일간 ISS를 유지 보수하고 귀환했다.

그로부터 3년 뒤에는 ISS 임무 지휘관이라는 더 무거운 책임을 갖고 159일 동안 우주에 체류한다. 그런 그가 2015년 또다시 우주정거장으로 향한 것이다. 스스로 미국의 유인 우주인 프로그램 '우주에서의 일 년A Year In Space' 프로젝트의 실험 대상이 된 것이다.

우주에서의 일 년 프로젝트에서 스콧 켈리가 수행해야 할 가장 중요한 임무는, 지구 위 400km를 매 순간 초속 8km의 속도로 비행하는 철저히 폐쇄되고 고립된 국제 우주정거장에서 1년이라는 기간을 연속해 체류하는 그 자체였다. 통상적인 ISS 임무 수행 기간은 짧게는 일주일, 길어야 반년 정도다.

우주에서의 일 년 프로젝트의 목표는 장기간의 우주 생활이 인간의 신체에 미치는 영향을 더 잘 이해하기 위한 것이었다. 중력이 거의 없는 우주 공간은 우주인들의 근골격계 약화, 수면장애, 피부발진 등 여러 신체적 이상을 초래한다. 부작용을 최소화하기 위해 우주인들은 운동을 하거나 필요한 약을 복용해야 한다. 하지만 이는 길어야 6개월 정도를 우주에서 생활할 때 얘기다. 사람들은 유인 화성 탐사에 대비해 일 년 이상의 긴 시간을 연속해서 우주에 체류했을 때 발생할 수 있는 신체적 문제점과 대책을 연구해야 했다.

화성에 오가기 위해서는 거의 3년의 시간이 필요하다. 지구와 화성은 태양 주위를 모두 원 궤도로 공전하기 때문에 태양을 중심으로 서로 가까워지거나 멀어진다. 따라서 화성에 우주선을 보낼 때는 지구와 화성의 위치를 계산해 우주선이 가장 효율적인 궤도로 비행할 시기를 택한다. 평균적으로 약 2년을 주기로 이런 궤도가 열린다. 이렇게 가더라도 화성까지는 가는데 만 6개월, 다시 지구로 돌아오는 데 6개월이 걸린다. 따라서 화성에 갔다가 지구로 귀환하기 위해서는 최소 총 3년이라는 시간이 필요하다.

즉, 유인 화성 탐사가 가능해지려면 인간이 우주 공간에서 최소한 3년을 보내야 한다. 이 기간 동안 우주인들은 인체에 변화를 일으키는 미세 중력 환경뿐 아니라 치명적인 우주방사선에도 노출된다. 장기간 우주 공간에서 느껴야 할 심리적 고립감과 비좁은 우주선 내의 제한된 생활은 우주인들의 정신 건강을 심각히 위협한다.

이뿐 아니라 장기 우주 탐사에서는 예측하기 어려운 잠재적 위험 요소가 얼마든지 있다. 아직 발견하지도 예측하지도 못한 일들이 벌어질 수 있다. 골밀도 약화나 균형감각의 상실, 근위축, 신장 결석, 동맥 경화, 인지·지각 및 추론력 왜곡, 시력 장애 등 이미 확인된 부정적 영향뿐 아니라 소화계 박테리아 변화의 위험성 등 우주 공간이 유발할 수 있는 중대한 위험 요소는 많았다.

우주 공간의 방사선이 노화를 촉진할 수도 있다. 이를 확인하기 위해 연구진은 스콧 켈리의 '텔로미어telomere'를 분석하기로 했다. 텔로미어는 인체를 구성하는 모든 세포의 염색체 끝에 존재하는 것인데, 세포 분열이 진행될수록 닳아 없어져 노화나 암

▲ 국제 우주정거장에서의 스콧 켈리 ©NASA

의 발생과 연관됐을 것으로 추정된다. 연구진이 텔로미어의 감쇠율에 주목한 것은 우주와 지구의 시간의 진행이 상대적이라는 점 때문이다. 아인슈타인의 일반상대성이론과 특수상대성이론에 따르면 ISS는 지구와의 중력 및 속도 차이에 의해 각자 다른 시간의 진행을 겪게 된다.

ISS는 시간당 약 27,000km의 속도로 지구보다 빨리 움직인다. 특수상대성이론에 따르면 ISS의 시간은 지구보다 아주 미세하게 천천히 흘러야 한다. NASA 연구진들은 ISS에서의 시간 진행이 지구보다 약 1백만 분의 28초 느리다고 계산했다. 또 ISS는 지표면 대비 약 90%의 중력을 받는데, 일반상대성이론에 따르면 중력이 약한 곳의 시간은 빠르게 진행된다. 영화 〈인터스텔라〉에서 주인공이 외계 행성에서 불과 몇 시간 머물다 모선으로 돌아와 보니 강력한 블랙홀의 중력 영향을 받고 있던 동료가 이미 늙어 있었던 장면과 같은 이치다.

연구진들의 계산은 중력에 의해 ISS에서의 시간 진행이 지구보다 1백만 분의 3초 빠르다는 것이었다. 결국 스콧 켈리가 우주에서 일 년을 보낼 경우 지구 보다 하루에 1백만 분의 25초씩, 340일 동안 약 1만 분의 86초 젊어져야 한다. 그만큼 덜 늙어야 한다는 것이다. 그런데 만일 ISS에 장기 체류한 스콧 켈리의 텔로미어가 생각보다 많이 감쇠되었다면, 시간이 더 느리게 진행되었음에도 불구하고 생물학적으로는 더 늙어버린 셈이 된다. 이 경우 우주의 환경이 우주인의 노화나 암을 유발할 수 있다고 봐야 한다.

어쨌든 예측 가능한 문제들과 아직 발견되지 않은 잠재적 위험을 찾아내기 위해 근본적인 연구와 대책이 필요했고, 스콧 켈리가 그 연구 대상을 자처하고 나선 것이다.

스콧 켈리의 우주 생활은 혼자가 아니었다. 340일 동안 그의 옆에는 러시아 동료인 미하일 코르니엔코가 있었다. 러시아 우주인 역시 장기간의 우주 체류가 인체에 미치는 영향을 추적하는 실험자였다. 그러나 스콧 켈리는 그와 결정적으로 다른 점이 있었다. 그에게는 형이 있었는데, 그보다 6분 앞서 태어난 일란성 쌍둥이 형제였다. 스콧의 쌍둥이 형 마크 켈리는 우주에서 54

▲ 스콧 켈리(왼쪽)와 그의 형 마크 켈리 ©NASA

일 2시간을 보낸 경험이 있는 NASA의 우주인 출신이기도 했다.

켈리 형제는 이번 시험에 최적화된 조건을 갖고 있었다. 우주 비행사 출신이자 동일한 유전자를 가진 일란성 쌍둥이만큼 이번 시험에 적합한 의학적 비교 대상은 없었다. 일 년 동안 두 형제가 각각 우주와 지구에서 생활한 뒤, 둘 사이에 유전적 차이가 나타난다면 상이한 환경에 영향을 받았을 가능성이 크다고 추정할 수 있다. 우주 환경이 유전자에 미치는 영향을 밝히는데도 아주 유용한 연구 데이터를 얻을 수 있다. 더욱이 두 형제 모두 NASA와 우주 비행에 대한 이해가 누구보다 높은 베테랑 우주 비행사였으니 이만큼 훌륭한 비교 실험 대상은 찾기 어렵다.

이 실험을 위해서 쌍둥이 형제는 1년 동안 혈액과 소변 등 생체 자료를 각각 수집했고, 기억력과 반응 속도를 실험하기 위한 컴퓨터 게임을 계속했다.

스콧의 귀환 후 약 3년여가 지난 2019년 4월. NASA는 뉴욕대, 독일 본대학 등과 함께 진행한 이 연구를 유명한 학술지『사이언스』를 통해 처음 공개했다. 연구결과에 따르면 스콧 켈리는 우주에서 신체의 생물학적 변화 속도가 실제로 느려졌던 것으로 나타났다. 스콧의 DNA 속 텔로미어의 평균 길이가 우주 체류 기간 동안 늘어난 것을 발견했다. 노화가 진행되면 텔로미어가 짧아지는 것과 반대의 결과가 나온 것이다. 스콧의 노화 속도가 느려졌다는 것을 의미했다.

유전적인 변화들도 나타났다. 지구에 머물렀던 마크의 몸에서는 활성화되지 않았던 유전자들이 스콧의 몸에서 활성화된 것이었다. 면역 체계가 비정상적으로 활동한 것이다. 연구자들은 스콧 켈리가 우주 공간에서 48개 이상의 우주 방사선에 노출돼 세포가 손상되면서 이런 변화가 나타난 것으로 분석했다.

그런데 스콧의 텔로미어 길이는 지구로 복귀한 지 이틀 만에 원상태로 복귀됐고, 변형됐던 유전자도 6개월이 지나면서 정상화됐다. 연구 보고서는 우주 비행 동안 인간의 건강이 대부분 유지될 수 있음을 시사한다고 결론 내렸다. 1년여간 우주에 머문 뒤에도 생물학적인 변수 대부분이 안정적이거나 기준선으로 복귀했기 때문이다. 하지만 지구 복귀 후에도 스콧의 시력과 인지 능력은 다소 떨어져 있었다. 유전자 중 8.7%는 계속 변형된 상태에 머물러 있었다. 이는 연구진들에게 또 다른 숙제를 남겼다. 장기 우주 임무가 심각한 뇌 손상과 암 발생 위험을 높일 수 있는 잠재성을 동시에 확인한 것이기 때문이다.

50세가 넘은 스콧의 희생과 헌신으로 유인 우주 탐사를 위한 과학 실험은 이렇게 또 한 걸음 앞으로 나아갔다. 하지만 스콧 개인에게는 다시 우주로 향한다는 것은 큰 결단이 필요한 일이었다. 나중에 그는 한 인터뷰에서 이 프로젝트에 참여하는 것을 망설였다고 한다. 그에게는 결혼을 약속한 오랜 여자 친구와 두 딸이 있었다. ISS에서는 그들과 일주일에 한 번 전화와 영상 통화만을 할 수 있을 뿐이었다.

또한 1964년 생인 그가 네 번째 우주 여행을 떠나야 하는 시기 그의 나이는 이미 51세였다. ISS에서는 지표면 보다 평균 10배에 달하는 우주 방사선에 노출되고 장시간 방사능에 노출될 경우 치명적인 암을 유발할 가능성이 몇 배나 높아진다는 사실도 잘 알고 있었다. 건강도 우려하지 않을 수 없었다.

이런 어려움 속에서도 그는 결국 '우주에서의 일 년'을 택하게 된다. 그에게는 큰 희생과 헌신이 필요한 일이었으나, 켈리의 실험 데이터는 향후 인류가 직접 화성 탐사에 나설 때 필요한 중요한 정보를 제공하는데 결정적인 기여를 할 수 있게 될 것이기 때문이다.

환희와 감동의 순간

만신창이 '하야부사'의 험난한 여정

지난 2010년 6월 13일, 일본 열도는 밤하늘에 온 눈과 귀를 집중하고 있었다. 과연 돌아올 수 있을까? 일본 국민들이 애타게 기다리는 것은 사람이 아닌 우주 탐사선 '하야부사はやぶさ'였다. 그리고 먼 하늘에서 섬광처럼 강한 불빛과 함께 하야부사가 대기에 진입하는 순간 모든 일본 국민이 열광했다. 한 대의 무인 탐사선에 온 나라 사람들이 한마음 한뜻으로 응원을 보내는 것은 보기 드문 일이다. 도대체 하야부사에는 무슨 일이 있었던 것일까?

일본어로 '매'를 뜻하는 하야부사는 일본우주항공연구개발기구JAXA가 만든 길이 5m의 그리 크지 않은 소행성 탐사선이다. 하야부사는 일본이 발견한 소행성 '이토카와'*를 탐사하기 위해 2003년 5월 9일 발사됐다.

이토카와는 지구와 화성 사이를 도는 직경 500m의 작은 소행성이었다. 하야부사의 임무는 무려 3억 km나 떨어진 이 소행성에 착륙해 표면의 작은 조각들을 가져오는 것이었다. 소행성의 샘플을 채취한 뒤 이를 분석해 태양계의 시작과 그 기원을 연구하는 것이 일본의 계획이었다.

* 이토카와 히데오 : 일본 도쿄대학 물리학 교수로 일본 우주로켓의 아버지로 불리는 인물. 일본은 그의 업적을 기려 그들이 찾은 소행성에 '이토카와'라는 이름을 붙였다.

▲ 하야부사의 비행 상상도 ©JAXA

그러나 소행성 탐사는 고난도의 기술이 집약된 너무나 어려운 일이었다. 일본의 유력 일간지 요미우리 신문은 하야부사의 소행성 착륙 시도에 대해 "도쿄에서 지구 반대편 브라질 상파울루에 있는 길이 5mm의 파리를 쏘아 맞히는 격"이라고 평했다. 하야부사가 임무에 성공해 소행성에서 무언가를 지구로 가져온다면 그건 인류의 우주 탐사 역사에 새로운 이정표로 기록될 대단한 사건이었다.

하야부사의 이토가와 탐사 계획은 2년여를 비행해 2005년 소행성 이토카와에 도착한 뒤, 표면에서 28km 떨어진 궤도에 5개

▲ 하야부사의 이토카와 착륙 상상도 ©JAXA

월간 머물면서 세 차례 이토가와 표면에 착륙, 모래 조각을 깔때기로 수집한 뒤 2007년 6월 지구로 귀환하는 것이었다.

하지만 하야부사의 여정은 쉽지 않았다. 출발 직후부터 탈이 나기 시작했다. 일본우주항공개발기구 JAXA는 미세한 추력이지만 장기간 비행할 수 있는 이온 엔진을 하야부사에 장착했다. 그러나 4기의 엔진 중 한 기가 발사 직후 파손돼 버렸다. 자세제어장치도 3개 중 2개가 잇따라 불능 상태에 빠져 우주선의 자세 유지도 불가능해졌다. 각종 계측 센서들도 이상을 보였다.

최악의 상황이었지만 하야부사는 비행을 포기하지 않았다.

그리고 우여곡절 끝에 2005년 6월, 집을 떠난 지 2년 1개월 만에 마침내 이토카와 소행성에 도착하는데 성공한다. 하야부사는 거의 망가지기 직전이었지만 천만다행으로 소행성에 착륙하는 임무까지 성공해 냈다. 그리고 소행성 표면에서 알갱이 샘플들을 쓸어 담았다. 하지만 하야부사가 다시 지구로 되돌아올 가능성은 너무 낮아 보였다.

하야부사가 지구로 돌아가는 길은 막막했다. 귀환 도중 부품이 차례차례 망가졌다. 기체가 손상을 입어 자세제어용 화학 엔진에서 연료가 새는 사고도 발생했다. 하야부사는 자세가 무너져 중심을 잡지 못하고 빙글빙글 돌기 시작했고, 궤도에서 이탈한 뒤 급기야 통신까지 두절됐다. 눈과 다리를 잃은 하야부사는 꼼짝없이 우주 미아로 전락할 운명이었다.

하지만 연구팀은 포기하지 않고 쉼 없이 통신을 시도했다. 그리고 2007년, 극적으로 하야부사의 신호가 잡혔다. 단 20초의 교신에 성공하면서 하야부사는 다시 궤도를 바로잡았다. 그러나 이번에는 지구로 돌아오기 위해 가동해야 하는 주 엔진이 모두 고장나 버렸다. 연구팀은 비상시에 대비해 세워둔 플랜 B를 가동했다. 만약을 위해 준비해놨던 비상 엔진을 주 동력 장치로 전환해 지구 귀환을 유도하는 것이었다.

하야부사 탐사선에서 벌어지고 있는 일들은 일본 국민들에게 낱낱이 공개됐다. 일본 국민들은 하야부사의 잦은 고장과 실패를 나무라기보다 극한의 상황에서도 포기하지 않고, 오히려 귀환 목표를 향해 끝까지 도전하는 연구팀에게 큰 응원과 격려를 보냈다.

일본 국민들의 하나같은 바람 때문이었을까. 하야부사는 젖 먹던 힘까지 짜내 지구로 계속 비행했고, 예정했던 귀환 시간보다 3년이 늦긴 했지만 2010년 6월 13일 밤, 마침내 지구 대기권에 진입하면서 자신의 몸체를 불태우면서도 소행성에서 담아온 캡슐을 있는 힘껏 대기권 안으로 밀어 넣었다.

성한데 없이 돌아와 마지막 투혼을 불사른 하야부사의 최후는 마치 일본의 전통 무사 사무라이를 연상케 할 만큼 장렬했다. 일

▲ 7년의 여행을 마치고 지구로 돌아온 하야부사의 샘플 캡슐을 호주 사막에서 회수하는 일본 JAXA의 연구진들 ©JAXA

본 국민들은 영화보다 더 극적이었던 이 순간을 생생하게 지켜봤다.

하야부사가 소행성에서 가져온 캡슐은 호주의 한 사막에 떨어졌다. 낙하 위치를 계산한 일본은 연구진을 보내 정밀 수색을 벌여 마침내 캡슐을 수거하는데 성공했다. 마지막으로 비상 엔진을 가동하는 결단을 내린 일본 연구팀과 호주에서 캡슐을 찾아온 수색팀은 일본 국민의 영웅이 됐다.

일본을 하나로 만든 '하야부사'

'하야부사'의 극적인 귀환은 일본의 대 사건이었다. 하야부사가 돌아오기 전부터 신문과 TV는 하야부사의 현재 위치와 상태, 귀환 예정에 대해 연일 대서특필했고 돌아온 뒤에는 그 감동을 전 일본 열도가 함께 했다. 일본우주항공개발기구JAXA에는 하야부사를 응원하는 국민들의 메시지 수천 통이 답지했다. 또 유명 영화배우와 가수 등 셀럽들은 하야부사의 무사 귀환을 염원하며 자신들의 사인을 담은 기원문을 너나없이 공유했다.

하야부사 응원 메시지는 일본에서 유행처럼 번져 나갔다. 하야부사의 이름은 일본의 전통술과 음료수 등에도 경쟁하듯 등장했고, 하야부사의 귀환을 기념하는 한정판 제품까지 나왔다. 일본인들은 하야부사를 응원하기 위해 학과 우주선 모양으로 일본 특유의 종이접기를 벌였다.

일본 대중문화에도 하야부사는 가장 핫한 아이템이 됐다. 하야부사를 모티브로 한 소설이나 만화가 봇물처럼 쏟아져 나와 대히트 했고, 〈하야부사의 아득한 귀환〉 〈웰컴 홈 하야부사〉 등의 영화도 제작됐다. 특히 20세기 폭스사가 제작해 배급한 영화 〈하야부사〉는 단연 압권이었다. 츠츠미 유키히코 감독의 연출과

▲ 일본에서 크게 성공한 영화 하야부사의 아득한 귀환 ©20세기 폭스

타케유치 유코 같은 호화 캐스팅으로 그해 10월 일본의 영화·만족도 랭킹 1위를 차지했다. 하야부사의 귀환 작전을 총지휘한 가와구치 준이치로 박사는 한동안 일본 최고의 영웅으로 대접받았다.

그러나 하야부사가 이 정도의 화제성을 낳은 것은 다소 의아한 일이다. 아무리 세계 최초의 소행성 착륙 탐사선이라는 타이틀이 붙었더라도 말이다. 하야부사 열풍의 이유를 찾아보면 우선 하야부사 우주선의 여정 자체가 갖는 상품성이 가장 먼저 꼽힌다. 일본의 당시 상황도 주목할 필요가 있다.

일본은 역사상 가장 오랫동안 진행된 경기 침체로 인한 고통을 잊을 수 있는 돌파구가 필요한 시점이었다. 이런 상황에 놓여

있던 일본인들은 자연스럽게 7년의 험난한 여정을 이겨내며, 마침내 임무를 완수해 낸 하야부사를 통해 고된 일상의 위안을 찾은 것이었다. 아니 더 나아가 '깨지고 넘어져도 다시 일어날 수 있다'는 희망을 발견한 것이었다.

'하야부사 2호'의 탄생

일본 도쿄의 중심부 우에노上野에는 일본국립과학박물관이 있는데 이곳 한 전시관에 유독 사람들이 많이 몰리는 곳이 있다. 볼만한 것이라야 현미경 하나가 전부다. 사람들은 이 현미경에 눈을 갖다 대고 뭔가를 진지하게 살펴본다. 그건 하야부사 탐사선이 3억 km 떨어진 소행성에서 수집한 알갱이다.

크기는 겨우 0.1mm로 사람 눈으로는 잘 보이지 않는다. 오직 현미경을 통해서만 겨우 보이는 미립자이지만 일본 우주 탐사선 하야부사가 자신을 불사르며 가져온 세계 최초의 소행성의 일부분인 것이다.

당시 하야부사 탐사선은 소행성의 표면에서 탄환을 쏜 뒤 바닥에서 튀어 오르는 입자들을 채취하려고 했지만, 탄환이 발사되지 않아 쓸어 담는 형태로 이런 알갱이 50여 개를 가져왔다. 일본은 이 미립자의 생성 연대를 알기 위해, 또 얼마나 높은 온도에 반응하는지 등 다양한 과학적인 분석을 시도했다. 수천만 년 전부터 태양계를 떠돌아다니고 있는 이 소행성의 알갱이들이 태양계의 기원과 성장 과정을 밝히는 실마리를 제공할 수도 있기 때문이다.

하야부사 1호의 감동적인 성공과 함께 미립자까지 확보하자 일본은 곧바로 소행성을 찾아갈 또 하나의 우주 탐사선인 '하야부사 2호'를 만들어 우주 도전에 나섰다. 하야부사 2호는 지난 2014년 12월, 지구를 출발해 4년 3개월 만인 2019년 2월 22일, 32억 km 가량 떨어져 있는 소행성인 류구Ryugu[용궁이란 뜻]에 터치다운하는데 성공했다. 류구는 직경이 겨우 900m에 불과한 돌덩이 소행성으로 하야부사 2호는 이 작은 곳을 향해 힘들고 지친 항해를 무려 4년여를 계속해온 것이다.

▲ 소행성 류구로 향하는 하야부사 2호의 비행 상상도 ©JAXA

하야부사 2호는 2월 22일, 소행성 류구에 착륙하면서 오전 7시 26분 부터 32분까지 5분 40초 동안 233장의 사진을 촬영했다. 일본은 이 사진들로 타임랩스 영상을 만들어 세계에 공개해 화제를 모았다. 하야부사 2호는 탐사 로봇을 보내 마지막으로 류구의 표면 상태를 살펴본 뒤 토양의 샘플을 채취해, 아버지 탐사선 격인 하야부사 1호가 그랬던 것처럼 길고 긴 지구로의 귀환을 시작하게 된다.

하야부사 2호가 당초 설계된 비행 궤적을 따라 아무런 문제없이 예정대로 귀환에 성공할지 아니면 일본 국민들에게 감동을 선사했던 하야부사 1호처럼 온갖 장애를 만나게 될지 아직은 아무도 알 수 없다. 그러나 분명한 것은 하야부사라고 불리는 그 우주 탐사선은 어떤 역경에도 결코 포기하는 일은 없을 것이라는 점이다.

'필래'의 죽음과 기적 같은 부활

2015년 6월 13일, 밤 10시경. 독일연방우주연구소DLR 쾰른 캠퍼스의 우주 탐사 연구원으로 근무 중인 코엔 고이츠Koen Geurts는 이때를 평생 잊을 수 없다. 그날 오후까지만 해도 평범한 일상이었다. 하지만 수 억 km를 건너 갑작스레 날아든 짧은 소식에 고이츠와 그의 동료들은 미친 사람처럼 흥분해 울부짖었다.

▲ 로제타와 필래 ©CNES/DUCROS/David/ESA/Rosetta_MPS for OSIRIS Team MPS/UPD/LAM/IAA/SSO/INTA/UPM

잃어버린 자식을 찾은 기분이랄까? 그들은 떨리는 마음을 진정시키면서 다시 쾰른 캠퍼스의 연구실로 향했다. 그리고 지난 7개월간 잊고 있던 영광의 미션을 새롭게 시작했다. 죽은 줄만 알았던 혜성 착륙선 '필래Philae'를 다시 만난 것이었다.

'로제타Rossetta와 필래'. 이집트의 유적에서 유래된 이 두 이름은 독일연방우주연구소DLR와 유럽우주기구ESA가 개발한 혜성 탐사선이다. 유럽 연구진은 궤도선인 로제타가 10년 동안 우주공간 64억 km를 날아간 뒤, 미리 설정해놓은 특정 혜성의 표면에 탐사 로봇인 필래를 착륙시키는 시나리오를 계획했다.

이미 잘 알려진 것처럼 혜성은 우주의 기원과 비밀을 알고 있는 '우주의 타임캡슐'로 불린다. 혜성은 언제부터인지 모를 만큼 먼 옛날부터 일정한 궤도를 돌고 있기 때문에 혜성이 가진 데이

▲ 67P/추류모프 게라시멘코 혜성 ©ESA

터를 분석하면 우주의 오래된 역사와 태생의 비밀에 접근할 수 있다. 연구진은 혜성에 직접 우주 탐사선을 보내 그 신비를 밝히는 프로젝트에 도전하기로 했다.

연구진이 이 같은 탐사를 위해 찾아낸 작은 혜성의 이름은 '67P/추류모프 게라시멘코'. 이 혜성을 향해 궤도 탐사선인 로제타를 발사하고 궤도를 돌게 하면서 착륙선인 필래를 내려보내 혜성 표면의 자료를 얻는 게 목표였다. 필래는 인류 최초의 혜성 탐사 로봇이었던 것이다.

마침내 2004년 3월, '21세기의 가장 어려운 우주비행'이라는 혜성 탐사가 시작됐다. 초속 18km의 속도로 비행하는 직경 4km 크기의 오리 모양 혜성에 가로 세로 1m 크기의 작은 착륙선을 정확히 안착시키는 일이었다. 과학자들은 이를 두고 "눈을 가린 채 말을 타고 달리면서 총을 쏴 날아가는 또 다른 총알을 맞추는 일"이라고 비유했다.

상상으로 조차 어려운 미션은 연구진의 섬세한 계획과 분석에 따라 순항했다. 힘이 부족하면 스윙바이Swingby 같은 고난도 비행 기법으로 속도를 보충했다. 그리고 마침내 2014년 11월 12일, 비행을 시작한 지 10년 8개월 만에 필래가 목표 혜성에 무사히 착륙했다. 인류의 우주 탐사 역사에 새로운 이정표가 새겨진 순간이었다.

그러나 그때부터 문제가 생겼다. 필래가 미리 계획한 위치에서 벗어난 곳에 착륙해 버린 것이었다. 착륙 지점이 바뀌면서 필래는 당초 계산한 만큼의 태양빛을 받지 못했다. 태양광 충전으로 동력을 얻는 필래에게 태양빛은 생명과 같은 것이었지만 착륙 지점이 어긋나면서 배터리가 3일 만에 방전돼 버렸다. 연구팀은 원격 제어를 반복하며 필래를 깨우려고 갖은 노력을 기울였지만 모두 실패로 돌아갔다. 10년의 시간과 16억 달러[약 2조 원]에 가까운 천문학적인 연구비가 투입된 미션이 연구진의 침묵 속에 종말을 맞고 있었다.

필래의 혜성 착륙 순간을 위해 그 오랜 세월을 기다려온 연구진은 직접 우주선을 타고 날아가기라도 해서 죽어가는 필래를

▲ 혜성 표면에 착륙을 시도하는 필래 상상도 ©DLR

▲ 혜성의 그늘진 곳에 착륙해 버린 필래 ©ESA

깨우고 싶은 심정이었다. 하지만 필래는 실패한 미션으로 기록되며 사람들의 뇌리에서 잊혀져 갔다.

그런데 죽은 줄로만 여겨졌던 필래가 살아있었다. 6월 13일

평소와 같던 밤, 코엔 고이츠는 필래가 살아있다는 연락을 받았다. 가장 먼저, 밤 10시 28분 독일 다름슈타트에 있는 유럽우주기구 관측소ESOC에 신호가 잡혔다. 스스로 털고 일어난 필래가 자신이 착륙한 혜성인 '67P/추류모프-게라시멘코'에 관한 정보를 담은 데이터 300여 개를 보내온 것이었다.

코엔 고이츠는 당시 상황을 이렇게 말했다.

"주말에 집에서 쉬고 있는데 한 밤에 필래의 신호를 받았다는 전화를 받았다. 믿을 수 없을 만큼 흥분됐다. 모든 연구진이 컴퓨터를 켜고 필래가 무엇을 보냈는지 그리고 지금 어떤 일이 벌어지고 있는지를 확인했다. 말로 형용할 수 없는 순간이었다."

그 후 독일연방우주연구소와 유럽우주기구는 로제타와 필래가 보내오는 정보를 분석해 귀중한 결과를 도출해냈다. 67P/추류모프-게라시멘코가 오리 모양으로 생긴 것은 처음부터 그랬던 것이 아니라 각기 다른 혜성이 합쳐졌기 때문이고, 이 혜성 안에는 지구처럼 산소 분자가 존재한다는 것, 또 얼음과 드라이아이스, 먼지 등으로 구성된 혜성이 태양에 가까워지면 이를 증발시켜 거대한 꼬리를 만들어 낸다는 것 등 그동안 베일에 가려져 있던 혜성의 신비가 필래를 통해 마구 쏟아져 들어왔다. 죽음과 부활을 거친 필래가 끝내 임무를 완수해 소식을 전해 온 것이었다.

필래는 이후에도 간간이 신호를 보내왔다. 약간씩이나마 햇빛이 비칠 때면 배터리를 충전하고 이를 동력으로 삼아 신호를 보내는 것이었다. 하지만 착륙할 때의 충격으로 더 이상 스스로 위치를 바꿀 수 없었던 필래는 결국 2016년 초 회복 불가 판정을 받았다. 또 필래와 지구 사이를 중계해 주는 로제타 궤도선의 임무까지 종료되면서 필래는 더 이상 지구로 신호를 보낼 수 없게 됐다.

한편 로제타 궤도선은 2016년 9월, 지구로부터 마지막 명령을 받아 혜성에 아주 가깝게 다가간 다음 여러 가지 정보를 얻어 지구로 전송한 뒤 혜성과 충돌해 사라졌다.

로제타와 필래. 그들은 어려운 환경 속에서 위대한 업적을 이뤘고, 고단한 일생을 마무리하고 혜성 속에서 영원한 동면에 들었다. 그리고 독일연방우주연구소의 고엔 고이츠 박사처럼 로제타와 필래를 탄생시킨 연구팀은 짧으나마 그들의 삶과 죽음을 보면서 인생을 느꼈을 것이다.

견우직녀 설화가 우주에서 현실이 되다

1998년 7월 7일 오전 7시, 뉴질랜드 550km 상공에서 아름다운 우주 포옹이 펼쳐졌다. 우주 공간에서 서로 떨어져 날고 있던 두 개의 일본 인공위성이 하나로 합쳐진 것이다. 깜짝 도킹을 한 인공위성들의 이름은 견우, 직녀라는 이름의 '히코보시彦星'와 '오

▲ 견우 직녀 위성의 도킹 상상도 ©JAXA

리히메織姬'다. 서로 그리워하던 연인이 오랜만에 만나 뜨겁게 끌어안은 것처럼 우주 공간에서 멋진 만남이 성사되는 감동적인 순간이 연출됐다.

히코보시와 오리히메 설화는 우리말로 목동을 뜻하는 견우牽牛와 직물을 짜는 여인인 직녀織女가 주인공인데, 한국과 중국에 있는 견우직녀 전설이 일본에서도 똑같이 존재한다. 히코보시와 오리히메 위성의 만남은 바로 우리의 칠월칠석七月七夕과 같은 일본의 설화 '타나바타七夕 이야기'에서 유래된 것이었다.

견우와 직녀는 어린 시절 누구나 한두 번은 접한 이야기다. 직물을 짜는 옥황상제의 딸 오리히메직녀와 소를 키우는 히코보시

견우는 서로 사랑한다. 하지만 이들이 사랑에 빠져 일을 뒷전에 미뤄놓고 소홀히 하자 격노한 옥황상제가 이 둘 사이에 은하수를 놓아 갈라 놓고 일 년에 단 하루, 7월 7일만 만날 수 있게 했다는 절절한 러브스토리다.

인공위성 개발에 관한 한 세계에서도 손가락에 꼽히는 일본은 이 아름답고 슬픈 타나바타 이야기를 우주 공간에서 현실로 만들었다. 먼저 두 개의 작은 인공위성이 초속 8km의 빠른 속도로 지구 궤도를 날아간다. 그러다 견우에 해당하는 히코보시 위성이 고성능 카메라와 센서를 통해 정확하게 직녀 위성인 오리히메를 탐지해 냈다. 이어 히코보시와 오리히메 위성은 우주 공간에서 불과 2m의 간격을 두고 15분 동안 랑데부 비행을 펼친 뒤 7월 7일 도킹해 마침내 하나가 됐다. 두 위성은 이후에도 여러 차례 다시 만났다 헤어지기를 반복했다.

사실 이 두 위성은 원래 '기쿠 7'이라는 한 개의 위성에 함께 탑재됐는데 일본이 7월 7석이라는 날짜에 착안해 우주 이벤트를 펼친 것이었다. 인공위성의 이 같은 랑데부 비행과 깜짝 도킹은 당시만 해도 세계에서 처음 있는 일이었다.

국가 간의 경쟁이 치열하고 살벌한 대결이 펼쳐지는 게 우주 개발 분야다. 하지만 이렇듯 아주 오래된 설화를 우주 공간에서 현실화시킨 일본의 낭만과 상상력은 감동을 자아내기에 충분한 것이었다.

시대를 앞선
사람들의 도전

아이언맨 '일론 머스크'

우주 개발 기업인 스페이스X SpaceX의 설립자 '일론 머스크Elon Musk'. 이 시대 최고의 혁신가를 꼽자면 단연 일론 머스크다. 영화 〈아이언맨〉의 주인공 토니 스타크의 실제 모델이자 전기차 생산 업체인 테슬라의 CEO, 터널 굴착 회사 보링컴퍼니, 시속 1,000km로 이동하는 이동 수단 하이퍼루프의 제안자, 태양광 에너지와 배터리 업체 솔라시티의 CEO이기도 하다.

아이디어에 불과했던 상상 속의 것들은 그의 손을 거치면 현실이 된다.

▲ 영화 아이언맨 2에 실제 출연한 일론 머스크. 사진 오른쪽 ©Disney

1971년 남아프리카 공화국에서 태어난 일론 머스크는 고등학교 시절 자신의 꿈을 "세상을 바꿀 수 있는 일을 하자"로 정했다. 어려서부터 하루 10시간씩 책을 파는 책벌레였는데, 『은하수를 여행하는 히치하이커를 위한 안내서』, 『반지의 제왕』처럼 판타지나 공상과학 소설을 좋아했다.

남아프리카 공화국에서 유년 시절을 보낸 머스크는 미국을 중심으로 세상이 돌아가고 있다고 생각하고, 미국을 자신의 꿈을 펼칠 무대로 삼기로 마음먹는다. 캐나다 시민권자였던 어머니를 설득해 미국과 지리적, 문화적으로 인접한 캐나다로 이민을 간 뒤, 캐나다 퀸즈대학에서 물리학을 공부하다 미국 펜실베이니아대학으로 편입하는 과정을 거쳐 미국에 발을 딛는다.

대학 졸업 후에는 1995년 박사과정을 위해 세계 최고의 대학 중 한 곳인 스탠퍼드대학에 들어갔지만 입학 이틀 만에 자퇴하고 만다. 스탠퍼드에서는 "세상을 바꿀 정도의 일을 배울 수는 없을 것"이라는 게 이유였다.

그가 창업에 나선 건 스탠퍼드를 자퇴한 이후였다. 일론 머스크의 창업 목표는 인터넷, 친환경 에너지, 우주 분야에서 성공을 거두는 것이었다. 이 세 분야가 세상을 바꿀 수 있게 될 것이라는 확신 때문이었다.

그는 23세에 처음 인터넷으로 지역 정보를 제공하는 'ZIP2'를 설립했고, 설립 5년 만에 대기업에 3억 7백만 달러에 팔리는 대성공을 거뒀다. 일론 머스크는 28살의 나이에 백만장자가 됐다.

그는 이 돈을 종자로 삼아 인터넷 은행 엑스닷컴X.com을 설립하고 이어 페이팔Paypal을 창업한다. 그 뒤 페이팔은 무려 15억 달러에 대기업에 팔렸고 머스크는 1.7억 달러[약 2천억 원]에 이르는 자산을 확보한다.

그가 우주 사업에 눈을 돌린 건 바로 이때부터다. 전 재산의 절반인 1억 달러[약 1,200억 원]를 투자해 2002년 우주 개발 업체 스페이스X를 설립했다. 스페이스X를 세운 그는 최단 시간 내에 우주 발사체를 개발하고 재사용이 가능한 발사체도 선보이겠다고 포부를 밝혔다.

사람들은 머스크가 미쳤다고 조롱했다. 우주 발사체를 운용해온 거대 기업, 이를테면 보잉이나 록히드마틴 같은 공룡들은 스페이스X의 선언에 콧방귀를 뀌었다. 새로운 로켓 개발에는 수십억 달러의 개발 비용과 10년이 넘는 시간이 필요한 일이었기 때문이었다. 적어도 그때까지는 말이다.

아마존 CEO가 우주사업을?

오랫동안 세계 최고의 부자는 마이크로소프트의 창립자 빌 게이츠였지만, 2017년 빌 게이츠를 넘어서는 부자가 새롭게 탄생했다. 세계 제일의 인터넷 쇼핑 사이트 아마존닷컴의 창업자이자 CEO인 '제프 베조스'다. 그의 재산은 한때 빌 게이츠가 보유

▲ 제프 베조스 ©Blue Origin

한 재산과 지금까지의 모든 기부금을 합친 것보다 더 많은 188조 원[2018년 9월 기준]을 넘어서기도 했다.

베조스는 넉넉한 가정에서 부족함 없이 자랐다. 공부도 잘해 미국의 명문 프린스턴대학교에 물리학 전공으로 입학했다. 물리학 교수가 꿈이었지만 동료들과의 경쟁에서 뒤처지자 전공을 전기와 컴퓨터 공학으로 바꿨고 두각을 나타내기 시작했다.

그는 대학 졸업과 동시에 인텔과 같은 세계 최고 IT 기업체들에서 취업 제안을 받았다. 그러나 작은 스타트업에 뛰어들어 불과 몇 년 새 월스트리트의 투자자로 변신하더니, 26세의 나이에 헤지펀드 '데이비드 E.쇼 컴퍼니' 최연소 부사장으로 성장했다.

투자회사 부사장으로 활약하던 베조스는 어느 날 인터넷이 1년 새 2,300배 규모로 성장했다는 기사를 읽게 됐다. 그 순간 그는 인터넷에서 장사를 하겠다고 결심하고 곧바로 실행에 옮겼다. 베조스는 미래를 약속하겠다는 투자회사를 뿌리치고 아예 시애틀로 거점을 옮겨 자신의 집 차고에서 전자상거래 사이트를 창업한다. 아마존 닷컴이 시작된 것이다.

아마존은 1995년 7월 홈페이지 공개 이후, 2년 만에 기존 오프라인 상점들을 위협할 만하다는 평가를 받으며 빠르게 성장했다. 초창기 아마존은 책 판매를 위주로 했지만 점차 음반, 영상물 등 다양한 미디어 판매로 확장했고 의류나 전자제품, 장난감은 물론 전자책, 앱, 게임 등 모든 물건과 디지털 콘텐츠들을 공급하기 시작했다.

베조스는 벌어들인 돈을 계속 새로운 사업 영역 확보와 연구개발에 투입했다. 그 결과 아마존은 전자책 단말기 킨들 시리즈나 스마트폰인 파이어폰 등 IT 하드웨어 제품은 물론, 공용 클라우드 컴퓨팅 서비스 등을 내놓으면서 단순한 상거래 사이트가 아닌 세계 최고의 혁신 IT 기업으로 변모했다.

베조스는 자기 돈을 투자해 아마존과는 전혀 상관없는 새로운 사업에 뛰어드는 도전으로도 유명하다. 대표적인 것이 신문사 '워싱턴 포스트WP'의 인수다.

2013년, 베조스는 2억 5천만 달러를 투자해 워싱턴 포스트를 인수한다. 워싱턴 포스트는 미국 3대 일간지의 명성을 가진 곳이었지만 점차 사양화되는 신문 산업 속에서 경영난에 허덕이고 있었다. 워싱턴 포스트를 인수한 베조스는 종이 신문을 찍어 내는 회사를 디지털 기업으로 변모시키겠다고 선언했다. 그는 엔지니어를 대거 고용하면서 온라인 콘텐츠 강화에 집중했고, 결국 인수 2년 만에 워싱턴 포스트의 웹사이트 방문자를 3배 이상 늘려 놓았다.

개인 돈을 투자한 대표적인 또 다른 사업체는 지상이 아닌 우주를 무대로 하는 기업인 '블루 오리진Blue Origin'이다. 블루 오리진은 우주 기업으로서 계속 발전해 가고 있다.

혁신가들, 우주 산업의 패러다임을 바꾸다

우주 프로젝트는 사업 기간이 길고 막대한 투자가 필요한데다 실패의 위험도 크다. 그래서 우주는 지금까지 그리 좋은 비즈니스 영역은 아니었다. 그동안 잘 알려진 우주 산업체들 대부분은 스스로 비즈니스를 만들기보다는 국가가 주도하는 프로젝트에 참여해 수익을 내는 사업 방식을 영위했다.

하지만 20세기 말 IT 열풍 속에 큰돈을 번 미국의 기업가들이 우주 산업에 뛰어들면서 민간 우주 산업체가 급속도로 성장했다. 이 기업들은 짧은 기간에 기존의 초대형 방산 기업들이 쌓아온 기술을 뛰어넘거나 대등하게 경쟁할 정도의 기술을 확보하

▲ 뉴셰퍼드 발사 장면 ©Blue Origin

는데 성공했다. 정부 주도 아래 진행되어 왔던 우주 개발 패러다임은 크게 흔들렸다.

이들은 한발 더 나아가 스스로 우주 개발을 주도하는 주체로 활약하기 시작했다. 우주 관광 사업이 현실화되고, 정부와 협력 없이도 달과 화성에 사람을 이주시키는 프로젝트를 추진하고 있다. 그 대표 주자가 바로 '블루 오리진'과 '스페이스X'다. 제프 베조스와 일론 머스크가 세운 바로 그 회사 말이다.

2015년 11월 23일, 미국 텍사스 서부의 블루 오리진 비행 시험장에서 블루 오리진의 '뉴 셰퍼드New Shepard' 로켓이 발사됐다. 발사대를 박차고 날아 오른 뉴 셰퍼드는 마하 3의 속도를 돌파하며 상승했다. 발사 후 2분 50여 초, 고도 76km를 지나는 순간 꼭대기에 달린 캡슐형 우주선이 로켓과 분리됐다.

분리된 우주선은 비행 관성으로 계속 상승해 105km 고도까지 상승했다. 우주선을 떼어낸 로켓은 곧바로 하강을 시작했다. 빠른 속도로 떨어지던 로켓에서 "꽝!"하는 거대한 폭발음이 들렸다. 로켓이 음속을 돌파하며 일어난 소닉붐이었다.

그 순간 로켓의 엔진이 다시 화염을 뿜기 시작했다. 하강 속도가 급격히 줄었지만 로켓은 발사 때와 마찬가지로 곧은 수직 자세를 유지했다. 그리고 발사장에 사뿐하고 정확하게 내려앉았다. 발사된 로켓이 임무를 수행하고 다시 발사장으로 되돌아온 세계 최초의 순간이었다.

별다른 기업 정보를 공개하지 않던 블루 오리진은 이날의 시험을 홈페이지와 유튜브에 공개했다. 동시에 블루 오리진은 한 순간 우주 산업의 대표 주자로 주목받기 시작했다. 게다가 세계 최고의 부자 제프 베조스가 사재를 털어 투자한 회사라니.

미국 시애틀에 있는 블루 오리진 로켓 공장의 안내 데스크에는 공상과학 영화 〈스타트랙〉에 나온 우주선 엔터프라이즈호가 방문객을 맞는다. 스타트랙은 베조스가 심취했던 영화다.

베조스는 다섯 살 때 아폴로 11호가 달에 착륙하는 장면을 지켜봤고 스타트랙에 빠져들었다. 마치 회사의 상징처럼 입구를 차지하고 있는 스타트랙의 엔터프라이즈호는 그저 센스 있는 전시물이 아니라, 우주를 향한 꿈을 반드시 이루겠다는 베조스의 다짐이기도 하다.

베조스는 미국 언론과의 인터뷰에서 어린 시절부터 우주 산업을 꿈꿔 왔다고 밝혔다. 실제로 그는 고등학교 졸업생 대표로 가진 인터뷰에서 "인류를 구하고 지구를 계속 보존하기 위해서 우주에 나가야 한다. 우주에 2~3백만 명이 살 수 있는 거주지를 만들고 싶다"고 발언했다. 이미 이때부터 그는 블루 오리진을 꿈꾸고 있었는지 모른다.

제프 베조스는 아마존을 창업한 지 6년 만인 2,000년에 사재를 털어 블루 오리진을 설립한다. 2017년에는 보유하고 있는 아마존의 주식을 팔아 10억 달러를 또 투자했다. 더 놀라운 것은 아마존 주식을 팔아 매년 10억 달러 정도의 자본을 블루 오리진에 투자하겠다고 선언했다. 블루 오리진은 스페이스X 보다 2년 먼저 설립됐지만 초창기에는 스페이스X의 유명세와 명성에 가려져 있었다. 하지만 블루 오리진은 세계 최고의 부자 베조스의 든든한 지원 아래 묵묵히 자신만의 길을 개척해 나갔다.

2015년, 비행 시험에 처음 성공한 뉴 셰퍼드는 꼭대기에 캡슐형 우주선이 달려 있어 마치 몽당연필처럼 생겼다. 6명의 승객을 태우고 고도 100km의 준 우주 궤도까지 수직 상승한 뒤 탑승객이 탄 우주선과 로켓이 분리돼 각각 지상으로 되돌아오도록 설계됐다.

뉴 셰퍼드는 지금까지 블루 오리진을 대표하는 상품으로 제프

▲ 블루 오리진이 개발한 BE-4 로켓 엔진 ©Blue Origin

베조스를 포함한 민간인을 태우고 진행한 우주 관광에 성공했다. 뉴 세퍼드를 이용한 우주 관광이 상용화되면 탑승객은 우주선이 최고 고도에 이른 몇 분 동안 지구를 감상하며 무중력을 경험할 수 있다.

블루 오리진은 로켓 엔진 판매 사업도 벌이고 있다. 보잉과 록히드마틴이 공동으로 운영하는 미국의 상업 로켓 발사 회사 ULAUnited Launch Aliance에 새로 개발한 메탄 연료 로켓 엔진 BE-4를 공급하게 된 것이다.

ULA는 그동안 미국 정부의 위성 발사를 거의 독점해 왔는데 최근 들어 스페이스X와의 경쟁에서도 밀리는 처지가 됐다. 그동안 독자적인 엔진이 없이 러시아제 RD-180에 의존하면서 경쟁력이 떨어지던 차였다. ULA는 이런 상황을 타개하기 위해 블루 오리진의 BE-4 엔진을 활용하기로 했다. 블루 오리진은 BE-4 엔진 제작을 위해 미국 전통의 우주 도시인 앨라배마주 헌츠빌Huntsville에 대규모 엔진 공장을 개설했다.

블루 오리진은 재사용이 가능한 고성능 로켓 개발에도 공을 들이고 있다. 베조스는 우주 공간에서 새로운 거대한 산업이 열리게 될 것이라고 전망한다. 기업들이 큰돈 들이지 않고 우주로 나아갈 수 있는 환경이 마련된다면, 과거 인터넷 벤처기업들이 적은 자본으로 거대한 부를 창출한 것처럼 우주에서도 큰 부를 일궈낼 것이라는 것이다.

베조스는 기업들이 더 많이 우주로 진출할 수 있는 인프라를 놓는 것이 자신의 역할이라고 했다. 베조스가 말한 인프라란 바로 재사용이 가능한 로켓이다.

스페이스X,
로켓 판도를 뒤집다

2018년 2월 6일, 미국 플로리다 케네디 우주센터. 스페이스X의 새로운 초대형 로켓 '팔콘-헤비Falcon-Heavy'가 발사되기 직전의 순간이었다. 아이들과 발사 장면을 지켜보던 한 남자는 긴장된 표

▲ 팔콘-헤비 발사체 발사 장면 ©SpaceX

▲ 팔콘-헤비 발사 장면을 지켜보는 일론 머스크 ©내셔널지오그래픽

정으로 최종 카운트다운을 함께 조용히 읊조렸다.

"쓰리, 투, 원… 리프트 오프[이륙]!"

지축을 흔들며 로켓 엔진이 점화되고 CG처럼 비현실적인 거대한 화염이 일기 시작했다. 로켓 3대가 묶여 있는 형태의 거대한 발사체는 지구를 박차고 곧게 날아오르기 시작했다. 남자는 로켓에 시선을 고정한 채 믿기지 않는

다는 표정으로 한 마디를 내뱉었다.

"이런 미친! 진짜 떴네!"

이 남자는 로켓 발사 때마다 케네디 우주센터에 몰려드는 수많은 관광객 중 한 명이 아니었다. 그는 바로 일론 머스크였다.

팔콘-헤비는 약 64톤의 짐을 지구 저궤도에 올려 보낼 수 있는 강력한 로켓이다. 현재로서는 세계 최고의 성능을 자랑한다. 이미 상업 우주 발사 서비스에 활용하고 있는 팔콘-9 로켓을 3개 붙여 놓은 형태가 팔콘-헤비 발사체다.

이날 팔콘-헤비의 비행은 그것을 만들어 낸 일론 머스크 자신도 믿지 못할 장면을 계속 연출했다. 발사 7분여 뒤 로켓 양쪽에 달린 사이드 부스터 로켓 2기가 분리됐다. 분리된 부스터 로켓은 그대로 낙하하는 듯싶더니 다시 엔진이 불을 뿜기 시작했다. 이 장면은 육안으로도 어렴풋이 볼 수 있었다.

"저거 좀 봐. 말도 안 돼!!"

머스크가 소리쳤다.

부스트 로켓은 엔진 추력을 조절하며 하강 비행을 시작했다. 그리고 점점 속도를 줄이며 지상에 가까워지더니 영화보다 더 영화처럼 착륙장에 나란히 내려앉았다. 일론 머스크는 제자리에서 펄쩍 펄쩍 뛰며 좋아했다. 로켓 두 대의 동시 회수는 스페이스X가 그동안 실패를 반복하며 발전시켜 온 발사체 재활용 기술의 정점을 보여주는 것이었다. 이 장면은 유튜브를 통해 전 세계에 중계됐고 이를 지켜보던 사람들은 열광했다.

▲ 비행 후 발사장으로 되돌아온 두 대의 팔콘-헤비 부스터 ©SpaceX

일론 머스크는 팔콘-헤비가 실패할 수도 있을 것이라고 생각했다. 하지만 그는 언제나 실패를 무릎 쓴 공격적인 도전에 배팅했다. 스페이스X가 독보적인 발사체 재사용 기술을 단 기간에 얻게 된 가장 큰 원동력은 아마도 그의 과감한 결단과 도전 때문일 것이다.

팔콘-헤비는 이날 비행 후 1년 2개월여 뒤, 두 번째 발사 만에 곧바로 사우디아라비아의 통신위성을 실어 정지궤도로 보내는데 성공했다. 발사된 팔콘-헤비는 위성을 제 궤도에 투입한 뒤 심지어 3기의 추진 로켓을 모두 회수하는 또 다른 명장면을 연출해 냈다.

일론 머스크가 2002년 스페이스X를 설립할 당시에는 성공 가능성을 점친 전문가들은 거의 없었다. 제아무리 일론 머스크가 있다 해도 말이다. 스페이스X 설립 전에도 우주 탐사 사업을 하겠다는 벤처사업가들은 꽤나 많았고 이들이 만든 기업은 생겼다가 사라지기를 반복했다.

우주 산업은 진입 장벽이 너무 높았고, 오랜 역사를 가진 극소수의 초거대 기업들만이 영위할 수 있었다. 보잉, 록히드마틴, 유럽의 에어버스그룹, 러시아의 로스코스모스, 일본의 미쓰비시중공업 같은 대기업이나 국가 기관들만이 이 분야를 과점하고 있었다. 신생 기업들이 이들의 자본, 기술, 고임금의 고급 인력 등 우주 산업에 반드시 필요한 요소를 따라가기란 불가능했다.

스페이스X 역시 설립 초창기 실패를 거듭했다. 처음 개발한 발사체 '팔콘Falcon-1'은 첫 번째 발사 시도에서 이륙 25초 만에 추락했다. 두 번째, 세 번째 발사도 연거푸 실패했다. 회사는 파산 지경으로 몰렸다. 스페이스X가 실패할 것이라는 전문가들의 예상이 맞는 듯했다. 하지만 스페이스X는 포기하지 않았다. 세 번째 발사에 실패한 바로 다음날 기어코 팔콘-1 발사에 성공을 거뒀다.

스페이스X는 2010년부터 팔콘-9 로켓을 발사하기 시작한다. 2017년 3월 30일, 인공위성을 싣고 발사한 로켓은 위성을 분리한 뒤 다시 지구로 귀환하는데 성공한다. 발사체 재사용 기술이 현실화된 것이었다. 블루 오리진의 뉴 셰퍼드가 고도 100km까

▲ 위성을 우주 궤도에 투입한 뒤 지구로 돌아와 해상의 바지선에 착륙한 팔콘-9 로켓 ©SpaceX

지 수직 상승했다 돌아온데 비해, 팔콘-9는 실제 인공위성 발사를 위해 탄도 비행을 한 뒤 귀환했다는 점에서 기술적으로 훨씬 앞서 있는 것이었다.

스페이스X는 돌아온 1단 로켓을 간단한 정비만으로 곧바로 다시 발사에 투입했다. 비용을 크게 절감해 기존의 발사체들과 경쟁에서 큰 우위를 점할 수 있게 된 것이다. 발사 비용을 10분의 1 수준으로 낮추겠다는 일론 머스크의 공언이 현실이 되고 있었다.

스페이스X의 성공은 발사체 개발 개념을 완전히 바꿔 버렸다. 유럽, 러시아, 일본, 인도, 중국 등 세계의 발사체 회사들은 부랴부랴 재활용 기술을 개발하고 있다. 스페이스X가 실패할 것이라던 그들의 예상 혹은 기대는 완전히 깨졌다.

우주 분야의 높고 높은 장벽에 기대어 시장에 안주하며 별다른 혁신 없이 수십 년을 지속해 온 그들은 이미 너무 늦었는지 모른다. 스페이스X가 이미 완전한 의미의 재활용 발사체를 운용하고 있는 지금에서야 스페이스X의 뒤꽁무니를 추격하는 처량한 신세가 됐으니 말이다.

일론 머스크의 다음 목표는 '화성'

제프 베조스와 일론 머스크에게 블루 오리진과 스페이스X라는 기업은 돈벌이의 수단은 분명 아닌 듯하다. 이 회사는 그들이 꿈을 향해 나아가는 공간이자 방식이다.

이 회사들이 특이한 것은 '어떻게 돈을 벌 것인가'에 집중하기보다 '무엇을 할 것인가'에 집중한다. 그리고 그 목표를 실현시켜 줄 기술 개발에 매진한다. 그래서 블루 오리진과 스페이스X는 추구하는 목표와 방법이 상당히 닮아있다.

흥미롭게도 블루 오리진과 스페이스X의 최종 목표는 지구 밖, 그러니까 달이나 화성에 인류가 영위하는 제2의 거주지를 만들겠다는 것이다. 현재 개발하고 있는 로켓 기술이나 우주 관광 사업 등도 사실 돈벌이라기보다 이 목표로 가기 위한 일련의 과정이다. 스페이스X의 꿈은 제2의 지구 화성에 100만 명이 자급자족하는 도시를 만드는 것이다.

2016년 9월 27일, 멕시코 중서부에 있는 제2의 도시 과달라하라. 세계 최대의 우주 분야 축제인 국제우주대회IAC, International Astronautical Congress가 열렸다. 과달라하라 IAC는 스페이스X의 CEO 일론 머스크가 개막 특별 연설을 한다는 사실이 공개되면서 시작 전부터 큰 화제가 됐다. 그의 등장만으로 우주 전문가들의 관심을 집중시키기에 충분했던 것이다.

개막식장은 머스크의 연설을 듣기 위해서 모인 세계의 우주 전문가들로 가득 찼다. 취재진들은 앞자리를 차지하기 위해 개막 몇 시간 전부터 긴 줄을 섰다. 하지만 연설이 시작될 때까지만 해도 그가 무슨 얘기를 꺼낼지 아는 사람은 없었다. 드디어 일론 머스크의 개막 연설이 시작됐다. 그의 연설은 유튜브를 통해서도 생중계됐다.

"인류의 화성 이주를 추진하겠습니다. 2018년에 화성에 무인 우주선을 발사하고, 2022년에는 사람을 화성으로 보낼 것입니다. 화성 이주비용도 한 명당 20만 달러[약 2억 2000만 원] 정도로 낮출 수 있습니다."

개막식장은 크게 술렁였다. 세계 최고 우주 전문가들도 어안이 벙벙할 정도의 발표였다. 그가 제시한 일정대로 인간의 화성 이주가 진행될 것이라고 생각하는 사람은 없었다. 하지만 그의

▲ 일론 머스크가 소개한 행성 간 이동 수단 ©SpaceX

발표를 어느 괴짜 사업가의 허풍으로만 받아들이기에는 무게감이 달랐다. 스페이스X의 목표와 비전은 분명했고, 무엇보다 연금술사와 같이 새로운 기술을 만들어 냈던 일론 머스크와 스페이스X였기 때문이다. 이날 발표는 우리나라는 물론 전 세계 언론에 대서특필됐다. 일론 머스크가 처음 사람을 화성에 보내겠다는 시점은 NASA의 계획보다 무려 9년이나 빠른 것이었다.

"인류에게는 두 가지 길이 있습니다. 지구에 남아 멸종하거나, 또 다른 행성을 개척해 이주하는 것입니다."

일론 머스크는 인류가 '다행성 종족Multi-planetary Species'이 돼야 한다고 주장했다. 지속 가능한 문명이 되려면 지구 외에 영구히 거주할 수 있는 다른 행성을 만들어야 한다는 것이다.

그는 미리 준비한 컴퓨터그래픽 애니메이션과 함께 화성 이주를 위한 구체적인 방법을 소개했다. 가장 먼저 지구에서 화성까지 물자와 사람을 수송하는 '행성 간 수송 시스템ITS, Interplanetary Transport System'이 등장했다. 지구에서 화성까지 100톤에 달하는 물자를 수송할 수 있도록 설계된 운송 수단이었다. 화성에서도 구할 수 있는 물질인 메탄을 연료로 사용하고, 제작 비용을 낮추기 위해 로켓은 1,000번, 연료 탱크는 100번, 사람이 타고 물자를 싣는 우주선은 12번 재활용한다.

ITS가 완성되면 현재 약 100억 달러[약 10조 9,000억 원] 정도로 추산되는 1인당 왕복 화성 경비를 약 20만 달러[약 2억 3,000만 원] 정도로 낮출 수 있을 것이라고 설명했다. 무려 5만분의 1 수준으로 저렴해지는 셈이다.

일론 머스크는 이 계획을 위해 2018년에 무인 우주선을 화성 궤도에 보내 시험하고, 2024년에는 사람이 직접 우주선을 타고 지구-화성 간 왕복 여행을 하겠다고 밝혔다. 물론 실현 가능성은 크지 않을뿐더러 이미 일부 개발 시한은 지났다.

일론 머스크는 이듬해 호주 아들레이드에서 열린 IAC국제우주대회에 다시 등장해 한층 업데이트된 화성 이주 계획과 재원 조달 방안을 내놓았다. 화성 수송 시스템 ITS는 초대형 팰컨 로켓BFR, Big Falcon Rocket으로 바뀌어 구체화됐다.

BFR은 우주선인 스타십Starship과 스타십을 지구 밖으로 밀어 올리는 부스터 '슈퍼헤비Super Heavy'로 구성된다. 길이 106m, 지름 9m의 크기에 이륙 중량이 4,400t이나 되는 초대형 우주 수송 시스템이다. 화물을 150톤이나 실을 수 있고 적재 공간도 대형

▲ 스타십 비행 상상도 ©SpaceX

여객기인 에어버스 A380보다 넓다. 지금까지 개발된 어떤 우주 발사체, 우주선보다 크다. 수송 비용을 줄이기 위해 마치 전투기가 하늘에서 공중 급유를 받는 것처럼 지구 궤도에서 연료를 재공급 받는 시스템으로 운용된다.

일론 머스크는 사업가답게 BFR을 활용한 새로운 사업 모델도 공개했다. 우주 궤도 비행을 통해 전 세계를 30분 내에 이동할 수 있는 교통수단으로도 사용하겠다는 것이다. 사람들이 BFR을 타고 뉴욕에서 이륙해 30분 만에 중국의 상하이에 착륙하는 그래픽 영상이 상영됐고, 사람들은 또다시 열광했다.

일론 머스크와 스페이스X는 화성 이주 계획을 속도감 있게 계속 구체화해 나갔다. 2019년 1월, 일론 머스크는 트위터를 통해 지구 궤도와 달, 화성을 오가는 우주선 '스타십Starship' 시험 모델

▲ 일론 머스크가 트위터에 공개한 스타십 시험 모델 ©SpaceX

을 공개했다. 최종 완성되는 스타십은 지름 9m, 높이 37m의 크기에 최대 100명이 탈 수 있도록 제작된다. 내부에는 40여 개의 객실과 각종 오락 시설도 마련된다.

이날 공개된 스타십 시험 모델은 실제 비행하게 될 모델과 조금 다르게 생겼지만, 캡슐 형태로 생긴 기존의 우주선들과 완전히 다른 생김새를 하고 있었다. 마치 오래전 공상과학 만화에 등장하는 우주선 모습을 일부러 본뜬 것 같은 모양이었다. 대기권 돌파와 지구 재진입 때 발생하는 강한 열을 막기 위해 시커먼 탄소 복합재 대신 반사 가공 처리된 스테인리스 스틸을 그대로 노출하는 방식으로 제작돼 표면도 반짝반짝 거린다.

일론 머스크의 화성 계획은 상당히 오래되고 집요하게 진행되어 왔다. 유인 화성 탐사와 정착이 개인적인 목표라고 공개적으로 언급한 때는 이미 2007년 초다. 이후 지속적으로 화성 이주 계획을 업데이트해 2016년 중반, 마침내 스페이스X 회사 차원의 계획을 수립해 발표하기에 이른 것이다.

제프 베조스 "달에 정착촌 만들겠다"

2016년 4월, 미국 중부의 콜로라도스프링스에서는 미국 최대 규모의 우주 행사인 '제32회 우주심포지엄Space Symposium'이 열렸다. 이날 개막식 초청 연사는 '제프 베조스'였다. 그는 블루 오리진의 소유자로서 누구보다 분명하게 블루 오리진의 미래를 소개할 수 있는 적임자였다. 특히 블루 오리진이 그동안 그다지 회사 정보를 공개하지 않았다는 점에서 이날 그의 행보는 아주 이례적인 것이었다.

그는 기대만큼이나 독특하고 미래적이며 거대한 비전을 내놨다. 지구의 중공업을 통째로 우주 공간으로 옮기고, 지구는 인간의 거주와 경공업만을 영위하는 지역으로 만들자는 구상이었다. 이를 통해서 수백만 명의 사람들이 우주에서 살며 일할 수 있는 시대를 만들겠다고 했다.

그의 구상은 실현 가능성 여부를 떠나 사람들의 주목을 끌기

▲ 블루 오리진이 개발하는 달 착륙선 블루문과 이를 소개하는 제프 베조스 ©Blue Origin

에 충분했다. 한정된 지구의 자원과 환경을 보존하면서도 경제 활동을 계속하기 위한 해법을, 무한한 자원과 에너지가 있는 우주 공간에서 찾은 혁신적인 생각이었기 때문이었다.

그로부터 2년이 지난 2018년 5월, 그는 미국 LA에서 열린 '국제우주개발 콘퍼런스ISDC, International Space Development Conference'에서 우주 정착촌 계획을 발표했다.

"인류는 달로 돌아가야 한다. 이번에는 가보는 것뿐 아니라 체류해야 한다. 달에 거주하는 것은 화성 식민지를 위한 중요한 전 단계다. 이 과정을 거치지 않으면 성대한 퍼레이드 후 아무런 일도 일어나지 않았던 과거의 아폴로 계획처럼 정책적인 실수를 반

SPACE BREAK

열쇠는 값싼 로켓

블루 오리진과 스페이스X가 가장 공들이는 기술이 바로 재사용 로켓이다. 대량의 물자와 사람이 아주 싸게 우주로 나갈 수 있어야 달, 화성 거주지 정착이 가능해진다. 당장 회사 유지와 발전에 필요한 돈을 벌 수도 있다.

가장 앞선 곳은 역시 스페이스X다. 현재 개발 중인 스타십Starship은 아폴로 우주선을 달에 보낸 역사상 가장 큰 로켓 새턴-V의 성능을 훌쩍 뛰어넘는다.

▲ 스페이스X의 스타십 ©SpaceX

스타십은 메탄을 연료로 하는 신형 엔진 31개를 묶어 1단 로켓으로 구성하며 100% 재사용할 수 있다. 스타십의 궁극적인 목적은 화성에 대규모의 사람을 보내기 위한 것이지만, 지구에서 위성 발사, 대륙 간 운송, 우주정거장으로의 수송 등에도 활용한다. BFR는 2024년 처음 발사 예정이다.

블루 오리진은 뉴 글렌을 개발 중이다. 뉴 글렌도 새턴-V의 성능에 근접하는 강력한 로켓이다.

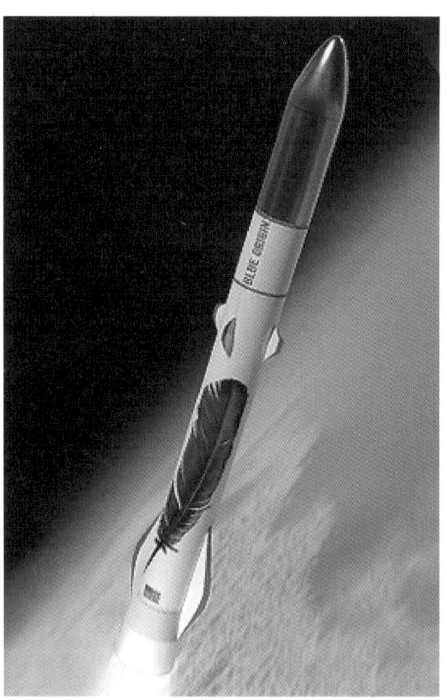

▲ 블루 오리진의 New Glenn ©Blue Origin

베조스는 뉴 글렌 개발에 총 250억 달러[약 28조 2천억 원]이 투입될 것이라고 전망했다.

뉴 글렌의 특징은 탑재물을 실을 수 있는 공간이 아주 크다는 점이다. 다른 발사체들의 탑재 공간보다 2배나 긴 7m의 페이로드페어링[탑재물 보호덮개]을 자랑한다.

뉴 글렌도 재사용이 가능하다. 발사된 로켓 1단이 바다에서 대기하고 있는 착륙 바지선으로 되돌아오는 시스템이다. 스페이스X와 마찬가지로 메탄을 연료로 사용하는 새로운 엔진 BE-4가 적용된다.

복하게 될 것이다."

지구 중공업의 이전 거점은 바로 달이었다. 달은 무엇보다 지구와 가까울 뿐 아니라 24시간 고효율 태양광 발전이 가능하며, 건축에 필요한 토양과 물이 존재한다는 점이 매력적이었다. 베조스는 "이건 마치 누군가가 우리를 위해 만들어둔 것 같다"고 했다. 베조스는 이 계획을 현실화하기 위해 달에 5톤 정도의 물자를 수송할 수 있는 달 착륙선 '블루문Blue Moon'을 개발해 2024년에 발사하겠다는 계획도 소개했다. 베조스는 더 이상 일론 머스크처럼 '미쳤다'는 조롱을 받지 않았다.

블루 오리진은 홈페이지에 게시한 회사의 임무를 "우주로 가는 길을 놓아 후손들이 미래를 설계할 수 있도록 하는 것"이라고 정의했다. 그리고 이런 계획이 단순한 꿈이나 환상에 머물지 않도록 단계적으로 차근차근 현실화시켜 나가겠다고 다짐했다. 블루 오리진이 생각하는 그 '단계'는 바로 재활용 발사체의 성공이다. 새로운 우주 시대는 우주에 더 싸고 쉽게 나갈 수 있을 때 시작될 것이기 때문이다.

괴짜 사업가의 도전 1.
우주 관광 회사 세운 '리처드 브랜슨'

영국의 성공한 사업가 '리처드 브랜슨Richard Branson'은 1988년

청소년들과 '꿈'에 대해 대하는 TV 쇼에 출연했다. 한 시청자의 전화가 리처드에 연결됐다.

"안녕하세요. 혹시 우주에 가는 걸 생각해 본 적이 있나요?"

리처드는 웃으며 답했다.

"저도 가고 싶어요. 아마 이 쇼를 시청하는 분들도 우주에 가고 싶겠죠? 우주의 장엄한 광경보다 멋진 건 없을 것 같아요. 혹시 당신이 우주선을 만들고 있다면 저도 당신과 함께 타 보고 싶어요."

그가 우주 관광 사업을 생각한 건 이때부터였을지도 모른다.

'우주 관광 사업'을 이야기할 때 일론 머스크, 제프 베조스와 함께 기억해야 할 또 한 명은 바로 괴짜 CEO라 불리는 영국의 버진Virgin 그룹 회장 리처드 브랜슨이다.

고등학교 중퇴가 학력의 전부인 그는 부모로부터 물려받은 재산도 없었다. 하지만 그는 작은 레코드 가게를 시작으로 자동차, 모바일, 항공사, 호텔, 레저 등 200여 개 계열사를 거느린 거대 그룹의 총수가 됐다. 크게 성공한 사업가였지만 그는 늘 새로운 사업에 목말라했다. 그리고 그의 모험은 우주로 이어졌다.

리처드 브랜슨은 2004년 우주 여행 기업 '버진 갤럭틱'을 설립한다. 일반 공항과 같은 곳에서 출발해 고도 100km 이상의 준우주 궤도까지 날아가 우주의 무중력을 체험하고 지구의 풍경을 감상할 수 있는 관광상품을 파는 회사다.

▲ 첫 번째 우주 비행을 축하하는 리처드 브랜슨 ©Virgin Galactic

버진 갤럭틱은 13.8km 상공에서 모선과 분리돼 공중에서 로켓 엔진을 가동시켜 112km 고도까지 비행했던 '스페이스십 1Space Ship One'의 기술진을 중심으로 연구에 매달려 스페이스쉽 1보다 사람이 더 많이 탈 수 있는 '스페이스십 2'를 개발하기 시작했다.

그러나 사람 몇 명을 우주에 보내는 일은 결코 쉽지 않았다. 우주의 경계인 고도 100km의 '카르만 라인'에 닿으려면 마하 3 이상의 속도를 내야 하는데, 엄격한 안전 기준을 충족하면서 그 속도를 내기란 만만치 않은 기술이었다.

스페이스십 2는 2007년 시험 도중 엔진이 폭발해 3명이 사망했는가 하면, 2014년에도 시험 비행 도중 추락하면서 조종사를 잃는 등 여러 사고를 겪으며 한때 개발이 중단되기도 했다.

▲ 우주 공간에 도착한 스페이스십 2 ©Virgin Galatic

결국 2015년으로 예정된 우주 여행 서비스 약속은 지켜지지 못했다. 1억 8백만 달러로 예상된 개발비도 4억 달러로 급증했고 최종 개발 때까지는 더 많은 돈이 필요한 상황이었다. 하지만 버진 갤럭틱이 펼쳐 놓은 우주 여행 상품에 대한 사람들의 관심은 아주 컸다. 버진 갤럭틱은 스페이스십 2가 완성되기도 전에 1인당 25만 달러[약 2억 8천만 원] 짜리 우주 여행 상품을 내놓았는데 배우 브래드피트, 스티븐 호킹을 비롯한 700여 명이 티켓을 미리 구매하며 대 히트를 쳤다.

리처드 브랜슨은 결코 좌절에 무릎 꿇는 사람이 아니었다. 그는 버진 갤럭틱에 10억 달러[약 1조 1천억 원]가 넘는 돈을 투자했고, 최근에는 매달 3,500만 달러[약 400억 원]를 쏟아붓고 있다고 언론에 밝혀 화제를 낳기도 했다.

끊임없는 도전은 반드시 성공적인 결과로 이어진다. 스페이스십 2는 2018년, 82.7km 고도까지 비행한 뒤 무사 귀환하는데 이어, 2019년 2월엔 민간인을 태우고 89.9km까지 고도를 높이는 시험비행에 성공했다. 스페이스십 2가 머지않아 고도 100km의 카르만 라인에 무난히 도달할 것이라는 것은 거의 확실해졌다. 이제 곧 진짜 우주 여행이 시작된다는 뜻이다.

괴짜 사업가의 도전 2.
우주 부동산 사업가 '로버트 비겔로우'

부동산 사업으로 큰돈을 번 라스베이거스의 호텔 사업가가 우주에 호텔을 짓는 새로운 사업을 벌이고 있다. 미국에서 '버짓 스위트 오브 아메리카'라는 호텔 체인 사업으로 억만장자가 된 '로버트 비겔로우Robert Begelow'다.

비겔로우는 12살 때 자신의 미래는 우주 여행에 있다고 생각했다. 이 꿈을 이루기 위해 공학자가 되고 싶었지만, 아쉽게도 그는 수학을 잘하지 못했다. 그는 스스로 공학자가 되는 대신 돈을 벌어 자신의 목표를 이뤄 줄 과학자들을 고용하는 쪽으로 진로를 바꾸기로 했다.

대학에서 금융과 부동산을 전공한 뒤 곧바로 부동산 사업에 뛰어들어 호텔, 모텔, 주거용 아파트 등의 사업을 벌였다. 1960년대 후반부터 30여 년간 그가 손댄 부동산이 1만 5,000여 곳에 달했다.

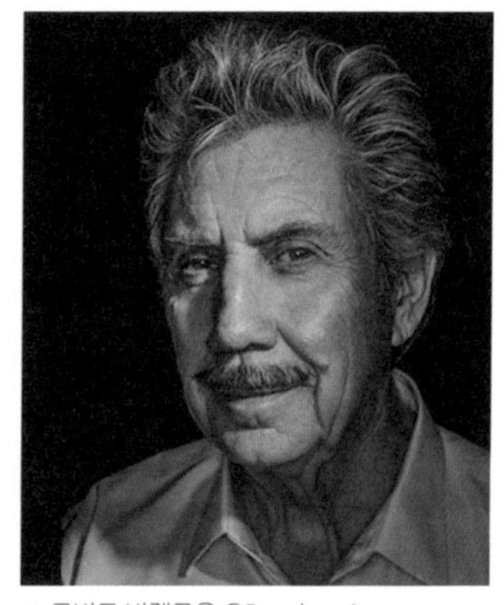

▲ 로버트 비겔로우 ©Begelow Aerospace

부동산으로 충분한 돈을 번 비겔로우는 1995년, 자신의 이름을 딴 우주 기업 '비겔로우 에어로스페이스Bigelow Aerospace'를 설립하며 비로소 우주를 향한 꿈에 투자하기 시작한다.

비겔로우사의 사업 모델은 필요한 고객에게 돈을 받고 우주 궤도에 머물 수 있는 공간을 빌려주겠다는 것이다. 우주 호텔이자 일종의 우주 부동산을 개발하는 셈이다. 비겔로우사는 사람이 거주할 수 있는 팽창형 모듈을 개발 중인데, 우주로 운송할 때는 공기를 빼 부피를 줄였다가 우주에 도달하면 다시 공기를 주입해 부풀릴 수 있는 시스템이다. 따라서 상당히 큰 구조물이지만 비교적 싸고 쉽게 우주로 운송할 수 있다는 장점이 있다.

NASA는 이 모듈이 실제로 우주 거주 시설이나 숙박시설로 활용할 수 있다고 평가하고 1,780만 달러[약 210억 원]를 투자한 뒤, 2016년부터 국제 우주정거장에 이를 설치해 시험하고 있다.

비겔로우사는 당장 일반인 고객에게 상품을 팔기보다 달이나

▲ 국제 우주정거장에 도킹한 비겔로우사의 BEAM 모듈 ©NASA

화성 탐사를 추진하는 NASA 등 국가 기관들을 주 고객으로 할 생각이다. 미국의 로켓 개발 회사 ULA와 제휴도 맺었다. 이들은 6명이 거주할 수 있는 일명 '달 창고Lunar Depot'를 운영하겠다고 밝혔다.

달 창고는 국제 우주정거장ISS의 절반보다 조금 큰 330m^3 크기의 모듈로, 비겔로우사와 ULA는 달 창고를 지구나 달 궤도에서 운영하며 필요한 기관이나 기업, 국가에 대여할 계획이다.

실제로 NASA 등 여러 국가들이 유인 달, 화성 탐사를 추진하기 위해서는 물자를 보관하거나 시험을 할 수 있는 기지가 필요한데, 이를 직접 개발하는 것보다 달 창고 같은 서비스를 이용하는 것이 훨씬 저렴하고 효율적일 수 있다.

괴짜 사업가의 도전 3.
봉이 김선달 '바스 란스도르프'

공학으로 꽤나 유명한 네덜란드 트벤테 대학에서 기계공학을 전공했던 '바스 란스도르프Bas Lansdorp'는 대학 시절 화성을 인간의 식민지로 만들겠다는 아이디어를 떠올렸다. 이후 그는 델프트 기술대학에서 풍력 에너지로 박사 학위를 받고, 풍력 에너지를 활용한 벤처기업 엠픽스 파워Ampyx Power를 만들어 성공한 뒤, 2011년 회사 주식을 매각해 인간의 화성 이주를 추진할 기업 설립을 준비한다. 그리고 2012년, 34살이던 바스 란스도르프는 화성에 인간의 영구 거주지를 만드는 것을 목표로 '마스원Mars One 그룹'을 설립한다.

마스원은 설립과 동시에 큰 화제가 됐다. 2015년부터 온라인을 통해 화성 이주 희망자를 모집했더니 세계 각국에서 무려 20만 2,586명의 사람들이 몰렸다. 마스원은 3단계에 걸친 면접을 진행해 2016년 50명의 예비 후보자를 선정하고, 최종적으로 화성에 갈 후보자 24명을 가리겠다고 홍보했다. 이들은 4명씩 6개 그룹으로 나뉘어 10년 동안 차례차례 화성으로 가게 될 계획이었다.

그러나 마스원은 출범 초부터 화성 이주에 필요한 기술력과 천문학적으로 예상되는 재원을 조달할 수 있겠냐는 비판에 시달렸다. 재원 마련 계획의 현실성이 떨어졌고 화성 이주를 위한

▲ 마스원 프로젝트를 설명하는 바스 란스도르프 ©MarsOne Youtube

▲ 마스원의 화성 정착촌 상상 개념도 ©MarsOne

기술도 성숙되지 못한 상황이었다. 게다가 마스원 프로젝트는 일단 화성에 가면 다시 지구로 되돌아오지 않는 편도행 계획이었다. 사실상 '자살 행위'라는 윤리적 논란까지 일었다.

하지만 사람들의 엄청난 관심과 호기심은 이런 논란을 압도했다. 한번 떠나면 지구로 다시 돌아올 수 없는 조건인데도 불구하고 화성 이주를 택한 사람들의 열정은 아주 강렬했다. 예비 후보자들 중에는 공통의 열정과 관심사 덕에 부부의 연을 맺은 사람도 생겼다. 엉뚱하지만 이들은 화성에서 살게 될 미래에 대비해 미리 캠핑카에서 살며 자체적인 훈련을 실시하기도 했다.

그러나 마스원의 계획은 삐걱대기 시작했다. 마스원은 첫 4명을 화성에 보내는 데까지 약 60억 달러[약 7조 원]의 비용이 들 것으로 예상했다. 이 돈은 최종 후보들의 훈련을 TV 리얼리티쇼로 만들어 판매하고 기업 스폰서와 기부, 상품 판매, 크라우드 펀딩 등으로 조달할 계획이었다. 하지만 불행인지 다행인지 마스원 프로젝트는 2015년에 2년, 2016년에는 5년 등 준비했던 일정이 차일피일 미뤄졌다. 역시 자금 조달이 문제였다.

마스원이 프로젝트를 진행하는 사이 화성행을 선언한 곳도 늘어났다. 마스원과는 기술과 자금력에서 비교가 안되는 NASA와 스페이스X였다. NASA는 2030년대에 유인 화성 탐사를 선언했고, 스페이스X도 100만 명이 사는 화성 식민지를 건설하겠다는 비전을 제시했다. 인류의 첫 화성 식민지를 만들겠다는 마스원의 도전은 크게 흔들릴 수밖에 없었다.

마스원은 결국 스위스 법원에 파산 신청을 냈고 2019년 2월, 이를 승인하면서 공식적으로 막을 내렸다. 세계 언론들은 마스원의 파산을 보도하면서 설립자 바스 란스도프는 천재 소리를 들을 만했지만 결국에는 사기꾼에 더 가까웠다고 평가했다.

우주에 도전한 한국인들 1.
대한민국 최초의 우주인 이소연

1961년 4월 12일, 세계 최초의 우주 비행사 유리 가가린이 등장한 이후 지금까지 전 세계적으로 500명이 조금 넘는 사람이 우주 공간을 경험했다. 대부분은 한 국가를 대표하는 우주 비행사들이다.

1960~1990년대에 우주를 경험한 인류 역사의 초기 우주인들은 우주 공간에 나가는 것 그 자체가 목표였다. 우주 체류 시간은 고작 몇 시간에 불과했지만 목숨을 건 도전이 필요했다. 본격적으로 지구 궤도에 우주정거장이 구축된 1990년대 이후, 우주인들은 우주 공간에서 짧게는 며칠에서 길게는 수백 일씩 우주에 체류하며 임무를 수행하는 단계로 발전했다. 그리고 사람이 우주에 나갈 수 있는 경제적·기술적인 환경이 크게 발전하면서 앞으로는 더욱 빠른 속도로 더욱 많은 사람들이 우주를 경험하게 될 것으로 예상된다.

우주 진출은 이제 더 이상 목숨을 건 위험한 도전이 아닐 뿐 아니라 국가로부터 부여받은 임무를 수행하는 것이 아닌, 아주 다양한 이유가 배경이 될 것이다. 그냥 즐기러 우주를 다녀오는 사람도 있을 것이고, 우주에서 공장을 운영하거나 자원을 채취하는 등 비즈니스를 하는 사람도 나올 것이다. 달이나 화성에 대규모 거주 단지가 조성돼 수만 명의 인간이 지구가 아닌 다른 천체에서 살게 될 수도 있다.

지금까지 우주로 나간 500여 명의 사람 중 한국인은 단 1명뿐이다. 그러나 우리에게도 더 많은 기회가 열릴 수 있다. 한국인들의 우주 도전은 이미 시작됐고, 앞으로 더 많은 도전이 펼쳐질 것이기 때문이다.

▲ 한국 최초 우주인이 된 이소연
©한국항공우주연구원

한국인으로 처음 우주에 간 사람은 '이소연'이다. 이소연은 카이스트KAIST, Korea Advanced Institute of Science and Technology 재학 시절 정부가 추진한 '한국 우주인 배출사업'을 통해 우주인으로 선발됐다. 우주인 사업은 선진국에 비해 크게 늦은 우리나라가 우주 개발에 대한 국민의 관심을 높이기 위해 정부가 기획한 사업이었다. 막대한 세금이 필요하고 또 실패 위험이 큰 우주 사업을 지속하자면 반드시 국민들의 이해가 필요하기 때문이다.

국민들은 우주인 사업에 열렬한 관심을 보였다. 2006년 4월 21일부터 시작된 한국 우주인 모집에 무려 3만 6,204명이 지원하는 등 흥행 열풍이 불었다. 우주인 선발은 총 8개월에 걸쳐 진행됐다. 지덕체를 모두 갖춘 대한민국 최고의 인재를 선발하는 작업이었다. 3.5km 단축 마라톤을 시작으로 신체검사, 종합 상

▲ 한국 우주인 선발 행사 ©한국항공우주연구원

식, 추론 능력, 과학 임무 수행 능력, 언어 역량은 물론 이력과 인성 검사까지 다방면적인 평가가 이뤄졌다.

총 지원자 중 기초체력 평가에서 3천 명이 통과했고 이후 필기, 서류 심사를 거쳐 245명의 1차 후보자가 선발됐다. 다시 언어와 임무 수행 능력, 심층 체력 및 정신 심리 검사 등을 통해 30명으로 후보군이 좁혀졌다. 20대부터 40대까지 학생, 교수, 군인, 경찰, 교직원, 연구원 등 다양한 연령대와 직업을 가진 사람들이 망라됐다.

다시 상황 대처 능력, 정밀 신체검사, 사회 적합성, 우주 적성 검사 등을 평가를 거쳐 최종적으로 2명의 한국 최초 우주인 후보, 예비 우주인들이 선발됐다. 바로 이소연과 고산이었다.

두 명의 후보는 모두 30대 초반이었고 한 명은 여성, 한 명은 남성이었다. 예비 우주인들은 약 1년 동안 러시아 가가린 우주 훈련센터에서 우주인 훈련을 받았고, 최종적으로 이소연이 러시아의 우주왕복선 소유스호에 탑승해 국제 우주정거장으로 날아갔다.

하지만 원래 우주선에 오를 첫 번째 후보는 이소연이 아니라 '고산'이었다. 하지만 러시아에서 우주인 훈련을 받던 도중 고산이 훈련 규정을 수차례 위반한 사실이 밝혀졌다. 이 때문에 훈련을 주관하는 러시아가 우리 측에 탑승 우주인 교체를 요청해 왔다. 문제가 된 고산의 규정 위반은 크게 두 가지였다. 외부 반출이 금지된 교재를 들고나간 것과 교육과 관련 없는 교재를 임의로 빌려 본 것이다.

별것 아닌 일로 여겨질 수도 있는 것이었지만 우주인에게 규정 위반은 아주 무겁게 지켜야 할 기본 소양이었다. 우주에서는 아주 작은 실수나 지시 위반도 심각한 상황을 초래할 수 있고, 특히 여러 국가가 공동 운영하는 국제 우주정거장에서는 철저한 규정 준수가 중요했다. 이 일로 발사를 불과 한 달 여 앞둔 시점에 대한민국 최초 우주인 타이틀이 고산에서 이소연으로 바뀌었다. 흔치 않은 일이 벌어진 것이다.

탑승 우주인이 된 이소연은 2008년 4월 8일, 카자흐스탄 바이코누르 우주기지에서 소유스를 타고 국제 우주정거장으로 날아갔다. 그곳에서 18종의 과학 임무를 수행하고, 4월 19일 지구로 무사히 귀환했다.

한국 최초 우주인 이소연에 대한 국민들의 관심은 뜨거웠다. 우주에 다녀온 30대 초반의 여성 이소연은 자부심과 희망을 주는 존재가 됐고, 가는 곳마다 큰 환영과 존경을 받았으며 많은 이들에게 우주에 대한 꿈을 심어 주는 상징으로 거듭났다.

그러나 이소연을 두고 한편에서는 260억 원을 들여 짧은 우주 여행 한 번 하고 끝난 우주 여행객이라는 비판적 평가도 나왔다. 특히 예비 우주인 2명 모두 한국항공우주연구원에 입사했다가 고산의 경우 2년 만에 퇴사했고, 이소연도 우주에 다녀온 뒤 4년 만에 제 갈 길을 찾겠다고 선언하면서 여론은 비판을 넘어 비난으로 바뀌었다. 게다가 이소연이 결혼 후 미국에 거주하게 된 사실이 알려지면서 나랏돈 들여 유명세만 취하고 외국으로 가버린 '먹튀'라는 말까지 나왔다.

하지만 우주인의 경력에서 '궤도이탈'이 꼭 비난받을 일은 아니라는 의견도 아주 많다. 한 번 우주인이 평생 우주인의 삶을 사는 건 보편적이지도 적절하지도 않은 일이란 것이다. 어떤 우주인이든지 임무를 완수하고 난 뒤에는 자신의 새로운 삶을 만들어 갈 권리가 있다. NASA 우주인들도 때가 되면 원래의 직업으로 돌아가거나 새로운 도전에 나선다. 게다가 우리나라의 우주인은 국민 공모를 통해 선발된 일반인이었고, 우주 개발에 대한 동력을 얻을 수 있도록 기획된 프로젝트를 통해 탄생했기 때문이다.

그럼 이소연과 고산은 어떻게 살고 있을까? 이소연은 MBA 학업을 위해 미국으로 건너갔다가 한국계 미국인을 만나 결혼했다. 이후 미국에 거주하면서 국내외에서 자신의 우주 경험을 사람들과 나누고 있다. 특히 그는 국내의 한 TV 프로그램에 출연해 미국의 민간 우주 기업과 한국의 스타트업을 연결하는 중간자 역할을 하고 싶다는 뜻을 보이기도 했다.

고산은 우주인의 꿈을 창업으로 옮겨 펼쳐가고 있다. 우주인 사업 이후 한국항공우주연구원에서 2년간 머물다, 공부를 위해 미국 실리콘밸리의 기술 창업 프로그램과 하버드 케네디 스쿨에서 공부하고 돌아와 기술 창업을 지원하는 활동을 벌이고 있다.

한편 과거 우주인 선발 당시 3만 6,000명의 지원자 중 이소연과 고산을 포함해 1차 우주인 후보로 선발된 245명의 후보들이 있었다. 당시 이들은 '우주로 245'라는 모임을 결성했다. 우주를 향한 같은 꿈을 가졌던 인연을 잇고 선발 과정에서 동고동락한 최종 우주인의 성공을 기원하는 모임이었는데 지금까지도 지속되고 있다.

우주에 도전한 한국인들 2.
NASA 달·화성 탐사 우주인 '조니 킴'

2017년 6월, 마이크 펜스 미국 부통령이 텍사스 휴스턴에 있는 존슨 우주센터를 방문했다. NASA가 새로 선발한 12명의 미국의 차세대 우주 비행사들을 격려하기 위해서였다.

▲ 한국계 최초의 NASA 예비 우주인이 된 조니 킴 ©NASA

예비 우주인들은 미국 전역에서 지원한 1만 8,300여 명 가운데 1,500대 1의 경쟁을 뚫은 최고 인재들이었다. 여기에는 미국 우주인 역사상 처음으로 한인계가 선발됐다. 바로 '조니 킴Jonny Kim'이었다.

조니 킴은 미국 LA에서 태어나고 자란 한국계 미국인이다. 그는 마치 슈퍼맨 같은 이력을 쌓았다. 세계 최강의 해군 특수부대 '네이비씰NAVY SEAL' 출신으로 두 차례 중동에 파병돼 위생병과 스나이퍼로 활약하며 훈장을 받기도 했다.

UC 샌디에이고 수학과를 최우등으로 졸업하고 하버드 의대에 진학해 의학박사 학위를 취득했고, 하버드대 부설 병원의 응급의학과 레지던트로 일하다 NASA 우주 비행사 후보가 됐다. 네이비씰 출신에 하버드를 나온 현직 의사라는 배경을 가진 그가 우주 비행사 후보가 됐다는 소식은 미국 사회 전체에서도 큰 뉴스거리가 될 정도로 화제였다.

그는 예비 우주인 선발 뒤 휴스턴의 존슨 우주센터에서 2년 동안 미국의 달·화성 탐사 임무아르테미스를 수행하기 위한 훈련을 완수했다. 그리고 2020년 1월, 마침내 아르테미스 임무를 위한 우주 비행사 11명에 당당히 그 이름을 올렸다. NASA 최초의 한인계 우주인 후보가 탄생한 것이다.

우주에 도전한 한국인들 3.
현실판 마션 '한석진'

유인 화성 탐사에 대비하기 위해선 NASA는 마치 영화 '마션'의 주인공처럼 화성의 지표면과 흡사한 환경에서 소수의 인원이 고립돼 살아 보는 프로젝트를 진행했다. 모의 화성 탐사 '하이시스Hi-SEAS, Hawaii Space Exploration Analog and Simulation'다. 장기간이 필요한 화성 탐사를 위해 철저히 고립된 환경에서 실제 발생할 수 있는 문제점들을 미리 찾아내기 위한 연구다. 화성까지 가는 데만 짧게 잡아도 1년이 걸리는 데다가 화성에 머물러야 하는 시간도 한 달에서 길게는 500일 정도 걸리기 때문이다.

하이시스 프로젝트는 용암 지대로 동식물의 거의 살지 못하고 화성 지질과 흡사한 하와이의 마우나로아 화산 지대에서 진행됐다. 완전히 고립된 이곳에 111m² 규모의 좁은 돔 형태의 거주지가 마련됐고, 실제 화성 탐사처럼 4~6명의 탐사 대원들이 짧게는 4개월, 길게는 1년간 머물렀다.

▲ 한석진 미국 텍사스대 경제학과 교수 ©한석진

이들은 연료와 음식, 통신이 제한되는 등 외부 세계와 극단적으로 차단된 환경에서 생활했다. 하이시스는 2013년 시작돼 매년 1팀씩 참여해 2018년까지 6개 팀의 연구 프로젝트를 진행하는 것으로 계획됐다.

6년째를 맞았던 2018년, 6기 하이시스 임무를 총 지휘할 대장으로 아시아인이 선발됐다. 30대 초반의 한국인 '한석진'은 미국 텍사스대 경제학과 교수였다. 이전 하이시스 연구팀을 이끈 대장들이 생명과학, 우주과학 등 이공계를 전공한 것과 달리 그의 배경은 계량경제학이었다. 그는 하이시스 팀원 선발을 위한 NASA와의 인터뷰에서 대원들의 상호 관계가 고립된 화성 임무 수행능력에 어떤 영향을 주는지 분석하는 통계 모델을 만들어 보겠다고 어필했다고 한다.

그는 어려서부터 우주 여행을 꿈꿨다. 경제학자인 그가 화성 모의 탐사에 지원한 이유다. 하이시스 대원을 모집한다는 기사를 보고 주저 없이 지원했지만 대장을 맡게 된 건 뜻밖의 일이었다. 그는 NASA로부터 예상 밖의 제안을 받고 가족, 지도교수, 주변 지인 등에게 조언을 구했다. 대장을 수락한다는 건 대원이 된다는 것 이상의 큰 도전이자 책임이었다. 그런데 이상하리만치 그에게 조언한 모두가 그의 도전을 격려하고 응원했다고 한다. 결국 그는 '하이시스 미션 6'의 대장이 되기로 결심한다.

한 교수가 이끄는 하이시스 미션 6에는 호주, 영국, 슬로바키아 국적의 대원들이 합류했다. 하지만 안타깝게도 훈련이 시작된 지 며칠 지나지 않아 안전사고가 발생했다. 다행히 사고는 가벼웠고 부상을 입은 대원도 복귀할 예정이었지만 또 다른 대원이 자발적으로 임무에서 하차해 버렸다. 결국 미션 6은 본격적으로 임무가 시작된 지 12일 만에 취소되고 말았다.

하지만 한 교수는 우주 여행의 꿈을 접지 않았다. 더 이상 지구 밖으로 나간다는 것이 꿈같은 것이 아니라는 것을 짧지만 강렬했던 하이시스 임무를 통해 경험했다. 그는 사람들에게 말한다. 우주 탐험은 더 이상 허황된 이야기가 아니라고. 꿈을 꾸고 목표를 세워 도전해 보라고. 하이시스 미션 6은 비록 일찍 끝나게 됐지만 그의 관심은 여전히 우주를 향하고 있다.

SPACE BREAK

화성 탐사 SF 드라마의 한국인 주인공

현실은 아니지만 화성 탐사를 그린 과학 드라마 속에서 활약하는 한국인도 있다. 다큐멘터리 전문 채널 '내셔널지오그래픽채널NGC'이 제작한 최초의 SF 드라마 〈마스Mars〉에 출연하는 6명의 탐사 대원 중 1명이 바로 '하나 승'이라는 한국인이다. 쌍둥이 언니 '준 승' 도 출연하는데 한국계 미국 배우 김지혜 씨가 1인 2역을 맡아 열연했다.

'승하나'는 어렸을 때부터 친구들과 어울려 노는 것보다는 낡은 전파수신기를 들고 화성에 체류하는 우주인과 교신을 시도하는 '과학 소녀'였다. 시스템 엔지니어로 세계 최초의 유인 화성 탐사선 '다이달로스'에 탑승한다.

6부작 드라마 〈마스〉는 실제 NASA의 유인 화성 탐사와 스페이스X의 화성 정착촌 건설 계획 등 현재 진행 중인 우주 프로젝트가 스토리에 상당 부분 반영됐다. 다큐멘터리 형식이 접목돼 우주 탐사와 관련한 과학기술 지식이 녹아 있다.

6명의 대원들이 거대한 다이달로스 탐사선을 타고 화성으로 벌이는 여러 도전과 모험의 스토리가 흥미진진하게 펼쳐진다.

'아폴로 미션'.. 그 이름은 어디에서 왔을까?

우주선의 이름,
그 심오한 이야기

우주 개발은 큰돈을 들여야 이룰 수 있는 사업이며 각 나라들의 자존심이 걸려 있기도 하다. 큰돈을 투입하는 만큼 국민들의 성원과 지지가 절대적으로 필요하다. 한 국가가 국가 안에서 이런저런 사업을 하는 것과 지구 밖의 세계를 탐사하는 건 예산의 규모나 사업의 성격이 근본적으로 다르다.

아직까지는 국민의 먹고사는 문제와 직접적인 연관이 적다 보니 국민의 지지가 없다면 할 수 없는 일이다. 그래서 각국은 우주 프로젝트에 자국 국민들에게 친숙하거나 공감할 수 있는 이

▲ 중국의 달 탐사선 창어와 가구야 ©CLEP/CNES

▲ 일본의 달 탐사선 가구야 ©JAXA

름을 붙인다. 때로는 자국의 비전을 투영하기도 한다.

인공위성과 발사체, 우주 탐사선 등의 이름은 이렇게 대부분 국가적 특성을 갖고 있다. 이를테면 중국 우주 탐사선의 이름인 '창어嫦娥', 일본의 달 탐사선 '가구야かぐや', 우리나라 최초의 우주 발사체인 '나로호' 등이 그것이다. 이 이름들은 단지 그 나라의 언어 가운데 예쁜 것들을 골라 대충 지어지지 않는다. 각 나라의 역사성을 담고 있고 그것들의 임무를 명확하게 표현하는 등 적잖은 의미를 담고 있다.

유럽이 지난 2004년 발사한 혜성 탐사선 '로제타Rosetta'와 착륙선 '필래Philae'를 보자. 그 둘은 우주 공간을 가로질러 64억 km를 비행하는 금세기 최고의 우주 탐사를 성공시켰다.

'로제타'와 '필래'의 이름은 이집트에서 따왔다. '로제타'는 이집트 나일강 어귀에 있는 한마을의 이름인데, 1799년에 프랑스 황제 나폴레옹의 이집트 원정군이 이 마을을 지나던 중 아주 신비로운 비석인 로제타석을 발견했다. 이 비석은 기원전 196년에 고대 이집트의 왕 프톨레마이오스 5세를 위해 세운 송덕비의 일부였다.

검은 현무암에 상형 문자, 민간 문자, 그리스 문자가 뒤섞여 있었는데 이집트 문자의 신비를 보여준 놀라운 유물이었지만 도저히 해독할 방법이 없었다.

하지만 '필래'라는 섬에 있던 오벨리스크를 활용해 로

▲ 로제타석 ©Hans Hillewaert

▲ 필래 오벨리스크 ©Eugene Birchall

제타석에 새겨진 이집트 문자를 해독할 수 있었고 이를 통해 이집트 역사의 신비를 풀어낼 수 있었다. 베일 속에 가려져 있던 이집트의 속살이 두 개의 유적으로 인해 세상 밖으로 나올 수 있었던 것이다. 참고로 혜성 탐사 착륙선인 '필래'가 착륙 예정 지점으로 정해놓은 곳의 이름은 '아질키아Agilkia'인데, 이 '아질키아'는 '필래' 섬의 유적이 아스완 댐 건설로 침수될 상황에 놓이자 유적을 옮겨놓은 또 다른 섬의 이름이라고 한다.

따라서 유럽우주국은 아주 오랜 유적인 '로제타'와 '필래'로 인해 3천여 년 이집트의 역사가 밝혀진 것처럼, 새로 개발한 탐사선들이 심오한 우주의 신비를 풀어주기를 바라는 뜻을 담아 탐사선 이름을 '로제타'와 '필래'로 명명한 것이다.

지난 2013년, 중국은 '창어 3호'라는 이름의 탐사선을 달의 궤도에 쏘아 올렸고 역시 중국의 최초인 달 착륙선 '위투玉兎'를 달의 표면에 안착시켰다. '창어'는 지난 2007년부터 중국이 달을 향해 발사하고 있는 달 탐사선 시리즈의 이름인데 고대 중국에서부터 내려오는 달의 여신 이름인 '창어嫦娥[항아]'에서 따온 것이다. 또 탐사 로봇 '위투'는 달에 살고 있다고 옛날부터 전해지는 '옥토끼'의 중국어 표기이다. '위투' 착륙선은 달을 샅샅이 탐사해 그동안 미국도 찾지 못했던 여러 가지의 암석 성분을 발견했다. 중국의 유인 우주선 '선저우神舟호'는 '강을 달리는 배'라는 뜻이다. 강처럼 우주 공간을 가로지르는 탐사선을 표현한 것이다.

일본 달 탐사선의 공식 명칭은 '셀레네SLENE'다. 일본우주항공

▲ 중국의 선저우 11호 비행 모습 ©CNES

개발기구JAXA가 지난 2007년 9월 14일, 달 탐사를 위해 셀레네를 쏘아 올렸는데 일본 내에서는 셀레네란 이름보다는 '가구야' 라는 공모를 통해 얻은 애칭이 더 자주 쓰이고 있다.

가구야는 일본 전래동화인 '가구야 공주님'에서 따온 것으로 '달나라 공주'쯤으로 해석할 수 있겠다. 또 일본이 금성을 향해 쏘아 올린 탐사선의 이름은 새벽이란 뜻을 가진 '아카스키曉'인데 새벽하늘에 반짝이는 별인 금성을 탐사하는 우주선인 만큼 이런 이름을 붙였다.

아랍에미리트UAE는 중동권의 첫 우주 탐사선을 개발 UAE 건국 50주년이 되는 해인 2021년, 화성에 무인 탐사선을 보냈다. 우

▲ UAE의 화성 탐사선 '희망' ©UAE Space Agency

주선의 이름은 'HOPE' 즉 '희망'이다. 건국 50주년이 되는 해를 맞아 국가의 새로운 비전을 밝히겠다는 뜻을 담았다.

미국은 그리스 로마 신화에 등장하는 신의 이름을 자주 차용한다. 미국은 최초의 달 착륙 프로젝트에 태양의 신 아폴로의 이름을 붙였다. 그리고 반세기 만에 다시 달 착륙 계획을 선언하면서 새 프로젝트의 이름을 '아르테미스'로 정했다. 아르테미스는 아폴로의 쌍둥이 누이다.

우리나라가 지난 1999년부터 지구 궤도에 올리고 있는 다목적 실용 위성의 이름은 '아리랑'이다. 한국을 대표하는 민요의 이름일 뿐 아니라 예부터 이어져 오는 한국의 독특한 '한'의 정서를 인공위성에 붙였다.

대한민국 첫 우주 탐사선인 달 궤도선의 이름은 달을 모두 누리고 오라는 뜻을 담은 '다누리'다. 다누리는 국민이 정한 이름이다. 순우리말인 '달'에 누리다의 '누리'를 더한 이름이다. 달을 남김없이 누리고 오라는 뜻이 담겼다.

▲ 기원전 5세기 중반. 그리스 여신 아르테미스(오른쪽)와 그의 쌍둥이 남매 아폴로를 묘사 한 꽃병 ©Metropolitan Museum of Art

'다누리'라는 이름을 정하기 전까지는 시험용 달 궤도선을 그대로 영문화한 'KPLOKorea Pathfinder Lunar Orbiter'라는 명칭을 주로 사용했다.

대한민국 첫 달 궤도선의 이름을 짓는 명칭 공모에는 무려 62,719건이 응모했다. 우주 탐사에 대한 대한민국 국민의 관심이 얼마나 높은지 보여준 이벤트였다.

발사체의 이름, 그 심오한 이야기

'로켓Rocket'이란 단어는 과거 이탈리아에서 사용하던 작은 기계 부품 '로케타rochetta'에서 비롯됐다는 것이 정설이다. 로케타는 양털 방직기에서 자체 추진 실린더로 작동하는 장치였다. 이 로케타가 프랑스로 옮겨가 '로켓roquette'이 됐고, 17세기에 이르러 영어 '로켓Rocket'으로 사용됐다는 것이다.

앞서 봤듯 본격적으로 로켓이 사용되기 시작한 것은 독일의 V-2부터다. V-2 로켓의 아버지인 폰 브라운 박사는 1930년대 액체 로켓을 개발하면서 A-1이라는 이름을 붙였다. 독일어로 '복합연결기계'라는 뜻의 '아그레가트Aggregat'의 첫 자 'A'를 딴 것이다. 액체 로켓의 공학적 특성을 그대로 이름으로 사용한 것이다. 이 A-1 로켓이 무기로 진화한 것이 V-2인데, 히틀러의 명령에 따라 '보복'이라는 뜻의 '페어갤퉁Vergeltung'의 머리글자 'V'가 이 무기의 이름이 됐다.

위성이나 탐사선을 실제로 우주에 올려주는 것이 우주 발사체다. 하지만 상단에 인공위성을 실으면 우주용이 되지만 핵탄두를 올려놨다면 무서운 ICBM, 즉 대륙 간 탄도미사일이 된다. 그만큼 개발의 난이도가 매우 높고 국가 간 개발 경쟁도 심하다. 이에 따라 발사체에 붙이는 이름은 더욱더 특별한 경우가 많다. 지역명을 담거나 성능, 기술적 특성을 표현할 때도 있고 고대 영웅이나 신화 속 인물의 이름을 빌려오기도 한다.

V-2를 개발한 폰 브라운은 미국으로 건너가 미국의 발사체를 발전시키는데, 처음 개발한 로켓의 이름은 '레드스톤Redstone'이었다. 레드스톤은 로켓이 개발된 지명을 그대로 딴 것이다.

미국의 첫 번째 우주 발사체는 '선구자'라는 뜻의 '뱅가드Vanguard'다. 미 해군이 사용한 바이킹Viking 로켓을 개량한 것인데, 인공위성을 지구 궤도에 올리는 우주 발사체로 개발됐으나 그만 소련의 스푸트니크에 '세계 최초'라는 타이틀을 내주고 말았다.

▲ 미국의 레드스톤 발사체 ©NASA

이를 만회하기 위해 서둘러 인공위성을 싣고 발사하는 순간에도 고작 1.2m 솟아오른 뒤 발사장에 그대로 고꾸라져 폭발하면서 '선구자'라는 이름을 무색하게 한 로켓이 돼버렸다. 결국 미국의 최초 인공위성 '익스플로러Explorer 1호'는 폰 브라운이 개발한 '레드스톤'을 이용해 우주로 올라갔다. 폰 브라운 박사는 레드스톤을 계속 발전시켜 나갔다.

새로 개발한 발사체들에는 천체의 이름을 따 목성이라는 이름의 '주피터Jupiter', 소행성 '주노Juno' 등의 이름을 붙였다. 달 탐사 아폴로 프로그램Apollo Program에 사용되는 세계 최고의 초대형 발사체에도 직접 이름을 붙였는데, 여기엔 '새턴Saturn', 즉 토성이란 이름을 사용했다. 폰 브라운이 개발한 '주피터'의 다음 행성이 바

▲ 아틀라스 발사체 ©NASA

로 '새턴'이다. 천체의 순서에 따라 지어진 이름이었다.

폰 브라운의 팀과 별도로 로켓 개발을 추진했던 미국의 군대는 고대 그리스 신화 속 신들의 이름을 사용했다. 아폴로 프로젝트 전에 진행한 머큐리 프로젝트Mercury Project에 사용한 발사체에는 하늘을 짊어진 거인신 '아틀라스Atlas'의 이름을 사용했고, 그 다음 발사체에도 또 다른 거인신 '타이탄Titan'의 이름을 썼다.

미국의 민간 기업 스페이스X의 발사체는 '매Falcon'라는 이름을 쓰고 엔진의 숫자나 성능을 함께 표기한다. 1단에 엔진이 9개 적용된 발사체는 '팔콘-9', 초대형 발사체는 '팔콘-헤비heavy' 같은 식이다. 또 다른 민간 기업 블루 오리진이 개발한 발사체는 과거 미국의 우주 영웅들의 이름을 땄다. 준 궤도를 오가는 발사체인 '뉴 셰퍼드Shepard'는 미국 최초의 준 궤도 비행을 한 우주 비행사 앨런 셰퍼드Alan Shepaard의 이름을, 재사용이 가능한 '뉴 글렌Glenn' 발사체는 미국 최초로 궤도 비행을 한 존 글렌John Glenn의 이름을 따 지었다.

러시아의 대표적인 발사체 '소유스Soyuz'는 1966년 11월 처음 발사된 이후 지금까지 운영되고 있는 세계 최장수 우주 발사 시스템이다.

▲ 러시아의 소유스 발사체와 우주선
©ROSCOSMOS

사실 소유스는 로켓만을 가리키는 것은 아니고 '소유스 프로그램'에 포함되는 우주선과 발사체를 통칭한다. 미국의 우주왕복선이 퇴역한 후 국제 우주정거장을 오간 유일한 우주선이 소유스라는 사실을 생각하면 쉽다. 그래서 소유스라는 이름은 러시아어로 'Союз', '연합union'이라는 뜻이다.

러시아는 상용 발사 서비스에 '드네프르Dnepr'라는 발사체도 사용 중이다. 드네프르는 러시아, 벨라루스, 우크라이나를 지나 흐르는 강의 이름이기도 하다. 드네프르는 과거가 재밌는 발사체다. 드네프르는 원래 소련이 개발한 대륙간탄도미사일 SS-18이었다. 그러나 냉전의 종식과 함께 군축이 이뤄지며 더 이상 무기로 사용할 수 없게 되자 이를 개량해 우주 발사체로 활용하게 됐다.

▲ 러시아의 드네프르 발사체 ©ISCK

드네프르가 SS-18이던 시절 이 무기의 코드명은 악마를 뜻하는 '사탄'이었다. 한 번 발사되면 막아낼 재간이 없는 성능을 지녔기 때문에 이런 무시무시한 이름이 붙여졌었다.

중국의 우주 발사체는 '장정長征'이라는 이름을 사용한다. 장정은 지난 1934년부터 2년 동안 중국 공산당이 국민당 정부군에 쫓겨 9,700여 km의 멀고 먼 거리를 후퇴한 역사적인 대행군을 말한다.

마오쩌둥은 이 장정을 통해 반전의 의지를 다졌고, 결국 국민당 정부를 타이완 섬으로 밀어내고 중국 대륙을 제패하는 최종 승자가 됐으니 이 얼마나 의미가 있는 이름인가!

유럽은 오랫동안 '아리안Ariane' 발사체로 세계 발사 서비스 시장의 상당 부분을 석권해 왔다. 아리안Ariane이라는 이름은 그리스 신화에 나오는 공주 아리아드네Ariadne의 프랑스 철자법에서 유래했고, 유럽 국가와 민족의 중심을 이어온 게르만족의 또 다른 이름이다.

일본은 'H-2' 로켓을 운용 중이다. H-2 로켓은 액체수소를 연료로 사용하는데, 수소 로켓이라는 점을 부각해 영어 Hydrogen의 머리글자인 'H'를 그대로 사용했다.

액체수소는 강력한 추력을 내며 오염 물질도 거의 배출하지 않는다는 장점이 있지만, 영하 253도의 극저온 상태를 유지해야 하기 때문에 취급하기가 아주 까다롭다. 일본은 기술적으로 최고 난이도에 속하는 수소 로켓에 대한 자부심을 갖고 발사체 이름도 수소를 강조해 지은 셈이다.

이스라엘은 '샤비트Shabit'라는 이름의 우주 발사체를 보유하고 있다. 소형 인공위성을 지구 저궤도에 올릴 수 있는 고체 연료 로켓이다. 샤비트라는 이름은 히브리어로 '혜성'을 뜻한다.

이스라엘의 강력한 라이벌

▲ 유럽의 아리안-5 발사체 ©ArianeSpace

▲ 일본의 H-2 발사체 ©JAXA

인 이란은 지난 2009년 '사피르Safir'라는 이름의 발사체로 '오미드Omid'라는 인공위성을 발사해 세계에서 9번째의 인공위성 자력 발사국이 됐다. 사피르는 '대사', 오미드는 '희망'이란 뜻으로 그들이 우주 탐사를 통해 무엇을 하려는지 알 수 있다.

우리나라의 우주 발사체 이름은 어떨까? 우리나라 최초의 우주 발사체는 '나로호'다. 나로호의 영문 명칭은 'KSLV-I, Korea Space Launcn Vehicle한국 우주 발사체'이다.

나로호 작명 스토리에는 비화가 있다. '나로'는 국민 공모를 통해 지어졌다. 정부는 2009년 초, 한 달 동안 명칭 공모 행사를 가졌는데 최초 우주 발사체에 대한 관심을 반영하듯, 총 2만 2,916명이 참여해 3만 4,143건의 명칭을 응모하는 등 큰 호응이 있었다. '나로'는 나로우주센터가 위치한 전남 고흥군 '외나로도'라는 지명에서 따온 이름으로, 나로호가 우주를 향한 우리나라의 꿈과 희망을 담아 뻗어나가길 바라는 의미를 담았다.

그런데 공모의 원래 1등작은 사실 따로 있었다. 나로가 아닌 '태극'이었다. 정부는 1등작인 태극을 KSLV-I의 명칭으로 사용하려고 했지만 상표권을 등록하는 과정에서 문제가 생겼다. 누군가 '태극호'의 명칭을 선점해 이미 상표 등록을 해두었던 것이다. 이 등록자는 '태극' 사용권에 대한 조건으로 발사장에 자신을 초청해 달라는 등 까다로운 요구를 내걸었다. 그러자 결국 정부는 태극을 제외하고 차선이던 '나로'를 최종 명칭으로 사용하기로 결정하게 된 것이다.

당시 명칭 공모에는 나로, 태극 외에도 태양을 뜻하는 '해'와 용의 옛말인 '미르'의 합성어 '해미르', 대한민국의 얼을 의미하는 '한얼', '태백', 고구려의 옛말인 '가우리' '샛별' 등도 있었다.

나로호의 뒤를 잇는 'KSLV-II'도 국민 공모를 통해 이름을 얻었다. 바로 '누리'다. 누리는 '세상'이란 뜻을 가진 순우리말로 우주까지 확장된 새로운 세상을 연다는 의미를 담고 있다. 누리호 이름 짓기에는 총 6,300여 명이 참여해 1만여 건의 명칭을 응모했다.

이처럼 각 나라의 우주 탐사선과 발사체, 위성마다 남다른 의미를 가진 이름이 있다. 이는 우주를 향한 각 나라의 국가적인 태도를 반영하면서 동시에 국민들의 자긍심을 느끼게 하는 수단으로 활용되고 있다.

청년들이 쏘아 올린 대한민국의 별

'최순달'과 겁 없는 청년들

"우리나라 최초의 인공위성 우리별1호에서 우리말 방송을 보내드립니다."

지난 1992년 우주에서 날아온 목소리 방송이 한국과학기술대학[현 카이스트] 인공위성연구센터에 흘러나왔을 때 잔뜩 긴장한 표정으로 모니터를 주시하고 있던 청년들은 환호했다. 대한민국 첫 인공위성 '우리별 1호'가 임무 수행을 시작한 것이었다.

우리별 1호는 48.6kg의 무게에 35.2cm x 35.6cm x 67cm 크기의 초소형 위성이었다. 지금으로 치자면 큐브 위성 정도다. 그러나 우리나라에게는 그 자체만으로 큰 도전이었다. 1992년 8월 11일, 우리별 1호는 남미 기아나 쿠루 우주센터에서 발사됐다. 우리나라는 세계에서 22번째로 위성을 보유한 나라가 됐지만 소련, 미국에 비해 30~40년 늦은 출발이었다.

우리별 위성이 개발되기 시작될 때만 해도 우리나라는 변변한 우주 개발 계획이 없었다. 무궁화 위성이라는 통신방송 위성 사업이 시작됐지만 우주 분야에 실무 경험을 갖고 있는 전문가도, 위성을 개발할 수 있는 시설이나 기술도 전혀 없었다. 대학에서조차 우주 인력 양성이라는 개념이 희미했다.

이런 때 한국과학기술대학 학장을 맡고 있었던 고 '최순달' 박사가 인공위성 연구를 해야 한다며 팔을 걷고 나섰다. 최순달 박사는 전 체신부[현 우정사업본부] 장관을 지낸 우리나라의 IT 선구자다. 그는 최초의 인공위성 우리별 1호를 개발하기로 마음먹었다.

최 박사는 이미 박사 학위를 가진 연구진이 위성을 개발하는 것보다는 미래를 이끌어 갈 젊은 연구자를 배출하는 것이 더 중요하다고 생각했다. 폭넓은 해외 인맥을 동원한 그는 당시 세계적으로 소형 위성을 가장 잘 만드는 대학인 영국의 서리대학University of Surrey에 요청해 석사학위 과정을 밟으며 인공위성 개발에 참여할 수 있는 교육 프로그램을 만들었다.

한국과학기술대학은 최 박사의 주도로 인공위성연구센터Satrec[쎄트렉]를 설립하고 해외 유학이 가능한 학부 졸업예정자를 대상으로 인재를 모집했다. '항공우주공학과'라는 전공 자체가 없던 시절이어서 위성 개발과 관련이 있는 전산과, 전자과 졸업예정자가 해외 파견 교육생으로 선발됐다. 대학 졸업을 앞둔 20대 초반의 학생들이었다.

휴지통 뒤지며 위성 기술을 배우다

영국 서리대학에 파견된 청년들은 대학원 공부를 하면서 서리대의 'UoSAT-1' 위성 개발 프로젝트에 참여했다. 지금껏 경험해 보지 못한 우주 기술에 대한 열정은 뜨거웠다. 밤낮을 가리지 않고 위성 연구에 몰두했다. 외국의 위성 기술을 배워 우리나라 고유 기술로 인공위성을 쏘아 올리고 말겠다는 의지가 불타올랐

▲ 영국 현지에서 우리별 1호를 개발하는 연구진 ©Satrec

다. 영국인 교수들이 가르쳐 주는 내용을 제대로 이해 못했을 때는 설명 자료를 찾아 휴지통까지 뒤지기를 마다하지 않았다. 유학생이 아니라 산업스파이에 가깝다는 농담이 나올 정도였다.

유학 생활이 배움으로 가득 찬 것만은 아니었다. 때로 억울한 일들을 이겨내야 했다. 외국인 연구원들로부터 따돌림이나 하대를 당하는 일도 생겼고, 서리대학은 장삿속을 내보이며 몇 번이나 부당하게 추가 비용을 요구하기도 했다.

안타깝지만 우주 기술이라고는 아예 없는 것이나 다름없었던 게 우리나라의 현실. 기술을 얻기 위해서는 누군가는 감당해야 할 일이었다. 청년들은 사명감과 열정으로 장애물들을 하나씩 이겨 나갔다. 불모지나 다름없던 우리나라 인공위성 분야에서 당당한 젊은 개척자들이 그렇게 등장하고 있었다.

새로 설립된 한국과학기술대학 인공위성센터에도 국내에서 우리별 1호를 제작할 젊은 연구진들이 꾸려졌다. 우리별 1호 개발 과정에서는 모두 10명의 카이스트 졸업생과 2명의 '세트렉' 연구원이 영국 서리대학에 파견됐는데, 영국과 국내의 연구진이 서로 자료를 주고받으며 우리별 1호를 차근차근 완성해 나갔다.

우리별 1호는 선진국이 운용하는 고성능 위성에 비하면 보잘것없는 초보적인 인공위성이었지만 국내에서는 최초였다. 그리고 영국의 경험과 노하우를 통해 우리 위성의 제작과 운용 기술을 배울 수 있게 된 점은 아주 큰 의미를 갖고 있었다.

우리별 1호 연구진의 평균 연령은 24.7세로, 실패에 대한 두려움보다는 새로운 것에 대한 도전과 배움의 열정이 훨씬 큰 젊은이들이었다. '우리별 2호'의 성공이 이를 증명했다. 청년들은 우리별 1호 발사 1년 뒤에 또다시 '우리별 2호'를 개발해 발사했다.

우리별 2호는 1993년 9월 26일, 아리안 발사체에 탑재돼 남미 쿠루 발사장에서 우주로 쏘아 올려졌다.

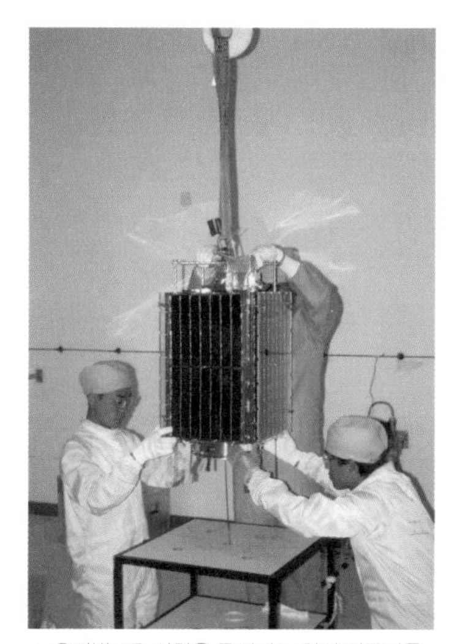
▲ 우리별 1호 시험을 준비하는 청년 연구진들 ©Satrec

우리별 2호는 우리별 1호를 개발하고 운용한 경험이 바탕이 돼 임무 분석과 설계, 제작, 시험에 이르는 모든 과정이 우리 연구팀에 의해 이뤄졌다. 위성 개발과 운용 경험이 부족한 탓에 생각하지 못한 수많은 문제들을 만나며 극복하기를 반복한 건 당연한 일이었다.

또 우리별 2호에는 국산 부품이 여럿 들어갔다. 서리대학의 'UoSAT-2' 위성을 본 딴 것이어서 겉모습은 똑같았지만, 내부에는 국내 기술로 개발된 전자회로나 모듈 등이 적용된 것이다.

마침내 자립한 인공위성 기술

우리별 1호와 2호의 개발 경험은 '우리별 3호'로 이어졌다. 우리별 3호는 중국의 한 인공위성 개발 기관과 공동 개발하는 방안이 추진됐다. 국내 한 기업의 투자도 예견되면서 분위기도 좋았다. 그러나 정부에서 위성 개발에 대한 중복 투자 논란이 제기됐다. 당시 위성을 개발하는 곳은 카이스트의 인공위성연구센터세트렉와 한국항공우주연구원이 있었는데, 어차피 정부 예산을 지원받아 개발하는 인공위성을 두 기관이 따로 할 필요가 있냐는 것이었다.

이 논란은 강력한 영향력을 발휘했다. 세트렉에 대한 예산 지원이 중단됐고 문을 닫을 뻔한 위기까지 몰렸다. 우리별 3호 개발이 무산될 수도 있는 상황이었다. 우리별 연구팀에게는 무척 당황스러운 일이었다. 하지만 젊은 청년들은 좌절하지 않았다. 기왕에 생긴 공백기를 오히려 배움의 과정으로 삼자고 결심했다. 당장 위성을 만들 수 없다면 설계도라도 멋지게 그려보자는 호기로 어려움을 맞서 나갔다. 연구팀은 아이디어를 끌어모아 자체적인 위성 설계도를 그리고 또 그렸다.

새옹지마가 이런 것일까. 연구팀에게 무척 좋은 기회가 찾아왔다. 당시 삼성그룹은 인공위성 '삼성별'을 개발할 계획을 추진하고 있었다. 삼성항공이 위성 개발을 맡았는데, 세계 최고의 위성 제작사인 미국 록히드마틴에서 자사 직원들을 교육시키는 프로그램을 마련했다. 마침 삼성별 프로젝트에 관여된 한 인사가 세트렉 연구팀이 우리별 프로젝트를 진행하지 못하고 있다는 소식을 듣고 록히드마틴 교육 프로그램에 참여하는 것이 어떻겠냐고 제안했다.

세트렉 연구팀에게는 거절할 이유가 없는 멋진 제안이었다. 대학 수준의 위성 개발만 경험했던 이들이 세계 톱클래스의 위성 개발 회사의 기술을 체험할 수 있게 된 것이었다. 세트렉은 4명의 팀원을 보내 교육을 받게 했다. 총 5주간 진행된 교육에서 연구팀은 그동안 궁금했던 질문들을 끊임없이 물으며 공부했다. 한 연구원은 그때의 경험에 대해 "마치 눈을 새로 뜬 것 같았다"고 회고했다. 눈이 깨어 돌아온 연구팀은 곧바로 자체적인 교육 프로그램을 만들어 내부에서 실행했다. 제대로 된 인공위성을 만들자는 의지는 더욱 불타올랐다.

한편, 세트렉의 운명을 좌우할 과학기술부 장관에 세트렉에 우호적이었던 인사가 새로 부임하면서 세트렉은 다시 우리별 3호 개발을 맡아 추진할 수 있는 기회를 잡았다. 상당한 기간 동안 공부와 연구를 거듭한 연구팀의 실력도 부쩍 높아져 있었다.

우리별 3호는 기존 우리별 1, 2호보다 무게나 크기가 확대됐고, 성능 또한 진화해 대학 연구센터의 수준을 넘어섰다. 우리별 1, 2호기가 서리대학의 기술을 바탕으로 했다면 우리별 3호는 우리나라 고유의 기술로 개발된 명실상부한 독자 인공위성이었다.

그러나 역시 개발 과정은 순탄치 않았다. 기술적인 문제가 여럿 나타났다. 발사를 위한 계약이 틀어지면서 발사 시기가 지연됐다. 이로 인해 불가피한 시간 여유가 생긴 연구팀은 놀지 않고 위성체를 시험하고 또 시험했다. 하도 여러 번 시험한 탓에 제작

▲ 우리별 3호 ©Satrec

해 놓은 우리별 3호가 도저히 우주에 올릴 수 없는 지경에까지 이르러 결국 1기를 새로 제작해야 했다. 그리고 우리별 3호는 1999년 5월 26일, 인도의 PSLV-C2 발사체로 발사됐다.

우리별 3호를 계기로 세트렉은 해외에 의존했던 위성 기술 분야에서 완전한 독립을

▲ 우리별 3호 발사 ©Satrec

선언할 수 있었다. 거의 같은 시기 발사된 서리대학의 UoSAT-12는 물론, 다른 나라 동급 소형 위성에 비해 손색없는 성능을 보여주며 대한민국 청년 위성 연구팀의 실력을 과시하는 계기가 됐다.

우리별 청년들,
위성 수출 기업을 만들다

우리별 3호 발사 시기 즈음은 인터넷 웹이 처음 등장했던 때였다. 연구팀은 홈페이지를 만들어 우리별 3호의 운영 현황을 낱낱이 공개했다. 위성이 어떤 상태에 있고 어떤 임무를 수행하고 있으며, 그 결과는 무엇인지가 밤낮으로 업로드됐다. 시시콜콜하다 싶을 정도의 정보는 물론이고 위성이 죽었다 살아난 소식들도 모두 알렸다. 언론은 우리별 3호가 우주에서 보내오는 소식들에 관심을 보였다. 한 번은 강원도 고성군 북측 지역에서 발생한 산불 지역을 촬영한 사진이 곧바로 공개되면서 화제가 되기도 했다.

그러나 우리별 3호의 활약과는 무관하게 세트렉은 다시 위기를 맞았다. 1997년 말 불어닥친 IMF 경제 위기 속에 또다시 한국항공우주연구원과의 위성 개발 중복 문제가 소환된 것이다. 끝내 정부는 위성 개발 사업을 한국항공우주연구원으로 일원화한

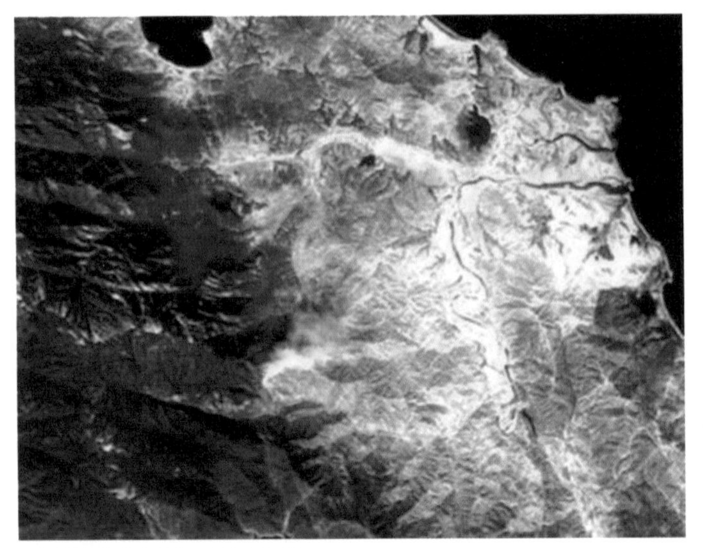

▲ 우리별 3호가 촬영한 고성군 산불 ©Satrec

다는 결정을 내렸다. 세트렉에게는 사실상 사형선고나 다름없는 결정이었다.

정부는 세트렉의 젊은 연구자들을 한국항공우주연구원 위성 연구 부문에서 일할 수 있도록 하거나 창업을 지원하겠다고 했다. 하지만 세트렉 연구팀 모두가 그런 지원을 받을 수 있을지는 미지수였다. 한국항공우주연구원의 경우 연구원이 되려면 석사 학위 이상의 학력을 갖고 있어야 했지만 세트렉에는 유학파들 외에도 학위는 없지만 손재주가 좋은 기술자들이 많이 있었다. 이른바 '쟁이'들인 그들에게 학위는 아무 소용 없는 종잇장에 불과한 것이었다.

우리별 팀은 흩어지지 않고 함께 위성을 계속 개발할 수 있는 방법을 찾았다. 이 과정에서 일부는 항공우주연구원으로 이직하거나 기업, 대학으로 자리를 옮기기도 했다. 하지만 이들은 지난 10여 년 땀과 눈물로 개발한 기술이 세계적인 경쟁력이 있는 것이라는 것을 세상에 꼭 보여주고 싶었다. 그래서 그들은 뜻하지 않게 창업이라는 새로운 영역에 도전하기로 결심했다.

1999년 12월, 세트렉에 '창시, 창조' 등을 뜻하는 이니셔티브initiative의 앞 글자를 붙인 이름의 회사 '㈜쎄트렉아이Satrec-I'가 출범했다. 우리나라 최초의 인공위성을 개발한 청년들이 우리나라 최초의 인공위성 제작 회사를 설립하게 된 것이다. 하지만 쎄트렉아이가 뛰어야 할 운동장은 세계 최고의 기술력과 막강한 자본력으로 무장한 선진국 초대형 회사들이 이미 장악하고 있는 시장이었다. 소형 위성 3기를 개발해 본 경험이 고작인데다가 우주 개발 불모지였던 한국에 적을 둔 스타트업이 과연 세계 위성 시장에서 살아남을 수 있을지 의문을 가진 사람이 많았다.

하지만 이들은 뼛속까지 개척자였다. 우려는 그야말로 기우에 불과했다. 2008년에는 국내 주식 시장인 코스닥에 상장됐고, 국내에서 유일한 인공위성 개발 회사로 이름을 알리는 등 성장해 나갔다. 특히 쎄트렉아이가 제작해 수출한 말레이시아의 '라작샛RazakSAT'과 UAE의 '두바이샛DubaiSat-1'은 우리나라를 명실상부한 위성 수출국의 지위로 올려놓았다.

2013년에 발사한 '두바이샛DubaiSat-2'는 소형 지구관측 위성으로는 처음으로 해상도 1m의 관측 역량을 구현함으로써 쎄트렉아이가 세계적인 기술 선두 기업으로 성장했음을 입증하기도 했다.

설립 이후 쎄트렉아이는 말레이시아, 아랍에미리트, 스페인, 싱가포르, 터키, 프랑스, 대만, 태국, 아르헨티나, 필리핀, 인도, 스페인 등으로 뻗어 나가 위성 시스템이나 지구 관측용 카메라, 위성용 부품, 위성과 교신하는 지상국을 수출했다.

쎄트렉아이는 이제 대전에 2곳의 사업장에 청정실과 시험실, 복합재 부품 제작공장 등을 갖추었고 여러 자회사도 거느린 그룹으로 성장했다. 인공위성 불모지나 다름없던 시절 혜성처럼 등장해 우리나라 1세대 인공위성 개발자로 활약한 청년들의 도전이 마침내 대한민국을 위성 수출 국가로까지 올려놓은 것이다.

한국의 NASA
그들이 사는 법

우주 시험실마다 대형 태극기가 걸려 있다

한국항공우주연구원 우주 시험실. 대한민국 정부가 사용하는 인공위성이 탄생하는 곳이다. 아주 복잡하고 섬세한 인공위성의 조립과 길고 어려운 시험 과정이 모두 이곳에서 이뤄진다.

우주 시험실은 유리 벽면을 통해 내부를 관람할 수 있도록 되어 있다. 시험 중인 진짜 인공위성들을 볼 수 있기 때문에 항우연을 방문한 학생들이나 손님들의 인기 견학 코스다. 그런데 우주 시험실을 둘러 본 방문객들이 하나같이 궁금해하는 것이 있다. 시험실 벽마다 걸려 있는 대형 태극기에 대해서다.

▲ 한국항공우주연구원의 전자파 환경시험실 내부. 천리안위성 2A호가 시험을 앞두고 있다. ©한국항공우주연구원

항우연 우주 시험실에는 다양한 시험이 이뤄지는 여러 방들이 있고, 이 공간들 하나하나에는 대형 태극기가 걸려 있다. 방에 따라 다르긴 하지만 큰 태극기는 가로 8m 세로 5.3m에 달한다. 태극기가 벽면의 상당 부분을 차지하고 있어서 마치 태극기가 인공위성이 제작되는 과정을 지켜보고 있다는 느낌이 든다.

위성을 제작하는 시험실마다 왜 이렇게 큰 태극기가 걸리게 된 것일까? 사연은 우리나라가 처음 개발한 실용급 위성 아리랑[다목적 실용 위성] 1호 개발 당시로 거슬러 올라간다. 아리랑 위성 1호는 1999년 발사한 해상도 6.6m급의 우리나라 최초의 실용급 지구관측 위성이다.

1990년대 초반 지상 관측 부문에서 인공위성의 활용성은 급격히 발달하고 있었다. 우리나라는 자세히 들여다봐야 할 북한이라는 상대가 있어서 특히 지상 관측 인공위성을 서둘러 확보해야 할 필요성이 컸다. 하지만 당시 우리나라에는 실용 관측 위성으로 쓸만한 성능을 갖춘 인공위성을 개발할 능력이 없었다. 카이스트의 젊은 연구팀이 해외 대학에서 배워온 기술로 소형위성 우리별 1호를 개발해 본 경험이 전부였다.

이즈음 한국항공우주연구원의 연구진들은 김영삼 당시 대통령에게 인공위성 개발 사업의 필요성을 보고할 기회를 얻게 됐다. 1993년의 일이었다. 연구진은 정부 출연연구기관인 '항우연'이 실용급 위성을 개발해 내겠다고 보고했다. 김영삼 전 대통령은 연구진의 계획을 흔쾌히 밀어줬다. 산업 기술 분야의 대통령

승인 사업 1호로 지상 관측이 가능한 인공위성 개발 사업이 본 궤도에 오르게 된 것이다. 이를 신호로 다목적 실용 위성, 즉 아리랑 위성 1호 개발이 본격화 됐다.

개발 목표는 빌딩이나 도로 등을 명확히 구분할 수 있을 정도의 영상 해상도를 갖춘 위성을 만들어 내는 것이었다. 항우연이 1989년에 설립됐고 이 보고가 이뤄진 시점이 1993년이었으니 항우연은 이런 위성을 개발해 본 적도 없고, 위성을 만들 시설도 전무했다. 아리랑 1호의 개발 목표는 이런 때 나온 계획 치고는 너무나 무모하고 도전적이었다.

독자적으로는 도무지 개발이 불가능한 목표였기 때문에 우수한 기술을 갖고 있는 해외 위성 제작 회사의 도움을 받기로 했다. 우리가 필요한 인공위성을 외국 회사와 공동으로 개발하면서 기술을 습득하자는 전략이었다.

해외 여러 회사들과의 협상 끝에 미국의 위성 제작회사 TRW가 협력 대상으로 선택됐다. TRW가 이미 개발한 경험이 있는 위성을 우리 연구진과 다시 공동 개발하면서 위성 제작 기술을 전수한다는 계약이 이뤄졌다. TRW는 설계 비용 등을 아낄 수 있고 우리로서는 검증된 위성 제작 기술을 배울 수 있는 방법이었다.

미국에서도 손꼽히는 방위산업체면서 인공위성도 제작하는 TRW는 우리와의 협력이 사실 별 매력적인 사업은 아니었다. 특히 기술 전수가 포함된 이런 계약은 평소 잘 하지 않는 것이었지만, 당시 미국 정부의 방위 계획 축소의 영향을 받아 무려 수천 명을 감원하는 등 경영 여건이 크게 악화된 상황이었던 점이 영향을 미쳤다. 한마디로 TRW에게는 남을 주기엔 아까운 일감이었고, 우리 입장에서는 이번 계약을 계기로 세계 최고의 위성 제작 회사로부터 기술을 배울 수 있는 기회를 잡은 것이었다.

그들은 말했다.
"너희는 결코 할 수 없어"

TRW와 한국 연구진이 제작하는 건 똑같은 위성 2기였다. 하나는 기술 습득용이고, 다른 하나는 실제로 우주 궤도에 올라가게 될 비행 모델이다. 연습용과 실전용, 목적은 달랐지만 두 기의 위성은 완전히 동일했다. 두 위성의 개발 책임은 서로 바꿔 가면서 맡기로 했다. 한 번은 TRW가 주도해 조립과 시험까지 담당하고, 나머지 한 번은 역할을 바꿔 우리가 주도하며 조립·시험도 한국에 새로 마련한 우주 시험동에서 진행하는 것이었다.

이런 방식에 대해서는 서로 무리 없이 합의했지만 각론에서는 생각이 달랐다. 쟁점은 누가 어떤 위성을 맡느냐 하는 것이었는데, 우리는 관련 기술 습득을 더욱 빨리할 수 있도록 실제 발사할 모델의 개발 책임을 맡겠다는 입장이었던 반면, TRW는 비행 모델은 자신들이 주도하겠다고 강하게 주장했다.

그들의 논리는 한국을 믿을 수 없다는 것, 한마디로 "너희는 할 수 없다"였다. 한국은 아직 위성 제작 능력이 없고, 새로 지은 조립 시험실에서도 예기치 못한 여러 문제들이 발생할 수 있다는 이유에서였다.

사실 틀린 말도 아니었다. 실제 우주로 날아갈 모델은 이미 완벽하게 기술을 가진 TRW가 담당하는 것이 합리적일 수 있었다. 그러나 우리의 입장에서는 위성을 사용하는 것만큼이나 위성을 제작할 수 있는 능력을 빨리 확보하는 것도 중요했다. 따라서 실제 발사할 위성에 대한 개발 책임을 맡을 경우 부담은 훨씬 크겠지만 실패하지 않기 위해 더욱 집중할 수 있고, 기술적 성숙도도 빠르게 높일 수 있을 것이라 판단한 것이다. 결국 TRW를 설득해 우리의 입장을 관철 시켰다.

이에 따라 1997년부터 기술 습득용 모델의 조립이 미국에서 시작됐다. 우리 연구진 50여 명이 미국 캘리포니아의 TRW사에 파견됐다. 겉으로는 공동 작업이지만 사실상 TRW로부터 위성 조립 절차와 방법을 배우는 과정이었다. 위성의 조립·시험은 공들여 제작된 아주 비싼 부품들을 신줏단지 모시듯 하나하나 조심하며 세심하게 다뤄야 하는 까다로운 절차다. 그러다 보니 초반 TRW 측은 우리 연구원들이 위성체에 접근하는 것을 필요 이상으로 경계했다. 잘 모르는 한국 연구진들이 위성을 망치지 않을까 걱정하면서 우리를 무시하는 분위기가 역력했다.

우리 연구진과 TRW 엔지니어들이 대립하는 일도 자주 발생했다. 우리는 어떻게든 하나라도 더 배워가려 했고, TRW는 서로 약속한 것 이외의 기술 유출에 대해서는 민감하게 제한했다. 한마디로 위성 기술을 잘 가르쳐 주려고 하지 않았던 것이다.

우리 연구진이 이것저것 물어보면 답은 늘 신통치 않았다. 심지어 계약서를 들이밀면서 "네가 물어 본 질문에 대해서 내가 답해야 하는 이유가 계약서 어디에 있는지 찾아오면 말해주겠다"고 야박하게 굴었다.

양측의 갈등은 커져갔고 얼굴을 붉히는 일도 벌어졌다. 그럼에도 불구하고 우리는 집요하게 뭔가를 계속 요청했고, 어깨너머 배우기를 부끄러워하지 않았다. 사업 초반 이러 저런 불협화음 속에서도 아리랑 1호 시험용 모델의 개발은 하나씩 진행되고 있었다.

성조기보다 낮게 걸린 태극기

시험용 아리랑 1호의 개발이 중반을 지날 즈음 우리 연구원들 사이에서 한 가지 제안이 나왔다. 우리나라 최초로 인공위성을 개발하는 역사적 의미가 있는 작업이니 만큼 미국 현지이긴 하지만 태극기를 걸어 놓고 일하고 싶다는 의견이었다. TRW와 갈등을 겪으며 기술 없는 국가의 서러움을 견뎌내야 했던 우리 연구원들은 모두 대찬성했다.

즉시 TRW 측에 조립실 안에 태극기를 걸자고 제안했다. 그런데 TRW가 무척 당혹스러워하며 손사래를 쳤다. 한 번도 다른 나라 국기를 자기네 건물 안에 걸어 본 적이 없다는 것이다. 하지만 협력 상대의 요청을 대놓고 무시할 수도 없던 TRW는 우리 제안을 검토하겠다는 입장을 내놨다. TRW의 답은 그로부터 한 달이나 지나 돌아왔다. 우리 측 제안을 수용하겠다는 것이었다. 우리 연구진들은 무척 기뻐했다.

그러나 며칠 뒤 조립실에 출근한 연구원들은 아연실색했다. 두 나라 국기가 함께 게시는 됐는데 태극기가 성조기보다 약 60cm 정도 낮은 위치에 걸려 있었던 것이다. 우리를 얕보지 않고서는 있을 수 없는 것이었다. 우리 연구원들은 즉각 항의했다. 그러자 TRW는 태극기를 고쳐 다는 대신 양 국기를 모두 떼어 버리는 황당한 조치를 취했다. 성조기와 태극기는 동일 선상에 있을 수 없다는 뜻을 명확히 한 것이었다.

불쾌했지만 우리 연구원들은 구겨진 자존심에도 불구하고 TRW 측에 재차 요구했다. 타지에서 고생하는 우리 연구원들의 사기 진작을 위해 태극기 게양이 필요하고, 아리랑 1호 개발은 한미 양국의 우주 협력이라는 의미가 있으니 파트너로서 존중의 마음을 보여 달라며 설득한 것이다. 그렇게 TRW를 움직였고 마침내 위성 조립실에는 성조기와 함께 태극기가 같은 위치에 게양됐다. 한 연구원의 제안으로 시작된 '태극기 게양'이었지만 우리 연구진들에게 태극기는 물러설 수 없는 자존심이었던 것

▲ 국내에 새로 구축된 시험시설에서 시험을 준비하고 있는 아리랑 위성 1호 ©한국항공우주연구원

이다.

미국에서 연습을 마친 우리 연구진은 실전을 위해 곧바로 귀국했다. 대전 항우연에 새로 갖춘 우주 시험동에서 아리랑 1호 비행 모델의 조립·시험이 시작됐다. 우리가 모든 책임을 져야 했기 때문에 연구진들은 초긴장 상태로 아리랑 1호 개발에 착수했다.

앞서 TRW에서 시험용 모델의 조립·시험이 진행되는 사이 항우연 우주 시험동에서는 국내에서 제작된 위성 부품들에 대한 시험이 미리 수행되고 있었다. 우주 시험동은 우주 환경을 모사해 놓고 위성이 우주에 오를 때까지의 모든 변수를 확인하는 것이 주된 역할이었는데, 국내에 처음 만들어진 만큼 국내 연구진의 운영 경험은 전무했다. 연구진은 밤낮 주말 없이 실험하며 우주 시험실 설비를 안정화시켜 나갔다. 곧 아리랑 1호의 조립·시험을 위한 실전을 치러야 했다.

동시에 우주 시험동에 아주 큼지막한 태극기가 내걸렸다. 기술 부족으로 타지에서 겪어야 했던 서러움들, 특히 우리가 돈을

▲ 태극기가 걸린 한국항공우주연구원 위성시험동에서 조립을 마친 아리랑 위성 1호 ©한국항공우주연구원

내고 기술을 배우는 입장이면서도 태극기조차 제대로 걸기 어려웠던 그 울분을 이겨내고 반드시 우리 땅에서 우리 위성을 만들어 내겠다는 각오를 커다란 태극기에 담아 대한민국 위성 시험실에 게양한 것이다. 이런 일을 겪은 뒤, 우리 연구진들은 위성 발사를 위해 해외에 나갈 때면 항상 외국의 발사장 위성 조립실에 태극기부터 걸고 작업을 시작하는 전통을 만들었다.

태극기를 가슴에 품은 우리 연구진이 만든 아리랑 1호는 1999년 12월 21일, 미국 반덴버그 공군기지에서 성공적으로 발사됐다. 아리랑 1호는 고도 685km에서 임무 기간 3년을 넘겨 8년 이상 운영하고, 2008년 2월 공식적으로 임무를 종료했다.

아리랑 1호 개발 경험을 바탕으로 우리 연구진들은 국내 주도로 1m급 고해상도 지구관측 위성인 다목적 실용 위성 2호 개발에 도전했다. 아리랑 1호의 해상도 6.6m에 비해 무려 40배 이상 해상도가 좋은 위성 개발에 나선 것이다. 기술 도약을 위한 또 한 번의 무모한 도전을 시작한 것이었다. 그리고 이제 우리나라는 세계 정상급 위성 개발 능력을 보유한 위성 강국으로 평가받고 있다.

아리랑 1호와 태극기의 에피소드는 기술을 가진 자들이 아무리 인색하게 굴어도 결국 해내고야 마는 대한민국 과학기술자들이 쌓아 올린 또 하나의 성공 신화였다.

대한민국 '우주의 눈'
불가능에 가까웠다

아리랑 1호 개발 당시 TRW가 우리에게 제공한 전자광학카메라는 세계 최고 수준의 우주 장비였다. 이 전자광학카메라는 아리랑 1호의 '눈' 역할을 하는 가장 핵심적인 구성품으로 해상도 6.6m급을 자랑했다.

6.6m급 해상도란 6.6m×6.6m 크기의 흰 점과 검은 점이 각각 나란히 있을 때 분명히 구별할 수 있는 성능을 낸다는 의미다. 도시를 관측한다면 빌딩과 도로 등을 정확히 구별할 수 있고 차

량의 위치 정도를 파악할 수 있다. 적어도 이 정도의 관측 위성을 가져야만 유사시 적국의 움직임을 파악할 수 있고 재난현장에 빠르게 대비할 수 있으며, 농작물 작황과 바다의 오염, 방재 등에 활용할 수 있다.

당시는 10m급 해상도를 가진 유럽의 SPOT 위성이 상용 지구 관측 위성으로 가장 유명하던 시절이었다. 아리랑 1호의 카메라는 SPOT 위성보다 좋은 정밀도를 자랑하는 것이었다. 그만큼 TRW과의 기술 협력에는 보이지 않는 수많은 제약이 있었다.

아리랑 위성 1호 본체 개발은 우리 연구진과 TRW의 기술진 간의 공동 작업co-working으로 진행됐지만 전자광학카메라는 공동 개발이 아니라 OJTOn the Job Training 방식, 즉 일방향적인 현장 교육이었다. 다시 말해 TRW의 전자광학카메라 제작에 우리 기술진이 직접 참여한 것이 아니라 어깨너머로 기술을 배우는 것에 만족해야 했던 것이다.

하지만 이런 방식으로 최첨단 위성 전자광학카메라 기술을 완전히 습득하기에는 분명한 한계가 있었다. 전자광학카메라는 우주 궤도 685km에서 초속 7km 이상의 속도로 비행하면서 지표면 15㎞를 폭 6.6m 간격으로 약 1000분의 1초 만에 또렷하게 촬영해야 한다. 어깨너머로 배우기에는 너무 고난도의 첨단 기술이었다.

당시 국내에는 위성 카메라 기술이라는 것은 아예 없었다. 그야말로 황무지 상태였다. 그나마 유사한 기술들을 찾아보니 일본에서 들어온 상용 소구경 렌즈 제작 기술이나 항공기 부품에 사용되는 복합재료, 단순한 비디오 카피 제작 기술 정도가 전부였다. 실용급 위성에 쓸 수 있을 만한 것은 없었다.

우주에서 사용할 광학카메라를 만들기 위해서는 초정밀 대구경 비구면 반사경, 특수 고안정 광구조체, 고속 저잡음 광전자회로, 고속 데이터 송신 등 듣기에도 아주 생소하고 어려운 기술들이 필요했다. 군사용으로의 활용이 가능하기 때문에 이런 기술들은 극소수 선진국만 극도의 보안 속에서 확보하고 있었다. 따라서 전자광학카메라의 해상도가 높아질수록 선진국으로부터 기술을 배울 수 있는 여지는 더욱 없어진다.

이 기술 장벽을 넘기 위해서는 스스로 개발하는 수밖에 없었다. 아리랑 1호 개발 과정에서 우리 연구진은 가능한 많은 기술과 노하우를 알아내기 위해서 공식·비공식적으로 노력했다. 한국인들만이 할 수 있는 방식이 필요했다.

초짜에게 내려진 임무, 해상도를 40배 높여라

아리랑 1호 개발 막바지. 우리 연구진에게는 상식적으로 불가능한 임무가 하달됐다. 아리랑 1호 다음에 개발하게 될 아리랑 2호에 해상도 1m급 광학카메라를 자체 개발해 탑재하라는 것이었다. 1호의 해상도가 6.6m급 그나마 미국이 모든 걸 다 만들었는데 아무것도 모르는 우리에게 40배 이상 더 정밀한 수준인 1m급 해상도의 카메라를 개발하라니…. 과연 말이 되는 소리일까?

연구진들이 격론을 벌이며 토론했지만 객관적으로 기술 개발의 단계를 봤을 때 불가능하다는 것이 결론이었다. 하지만 정부는 강경했다. 그것도 아주 빠른 시간에 개발하라는 것이었다. 세계적으로도 극소수 정찰위성 빼고 당시 이 정도 관측 역량을 가진 위성은 미국이 개발하던 상용 위성 아이코노스IKONOS 정도였다. 걸음마 수준의 기술로 세계 정상급 위성 카메라를 만들어내라는 것이었다.

결국 자체 개발이 아니라 다시 한번 우리보다 우수한 실력을 가진 해외 산업체와의 협력이 불가피했다. 개구리 점프Flog Jump보다 훨씬 크고 근본적인 기술적 도약이 필요한 일이었기 때문이다. 하지만 협력 상대를 찾는 일부터 난항에 빠졌다. 미국과 러시아 밖에 이런 기술을 가진 곳이 없었지만 이들 국가와는 협력이 불가능했다.

아리랑 1호를 공동 개발한 미국의 TRW는 미국 정부가 정책적으로 1m급 위성 카메라의 해외 기술 이전을 불허하고 있었기 때문에 참여할 수 없었다. 또 러시아는 위성 카메라의 기술 개념과 개발 방식이 우리와 너무 달랐다. 전자광학카메라에서 가장 중요한 전자 부문의 기술도 상대적으로 취약한 것으로 파악됐다.

여러 기술 탐색과 고민 끝에 연구진은 이스라엘의 회사 엘롭

ELOP과 협력하기로 결정했다. 엘롭은 이스라엘 독립전쟁이 벌어졌던 1948년 소총 조준경을 제작하던 업체로 세계 최고 수준의 전자광학기기 전문 업체였다. 고성능 전자광학카메라 분야에서도 미국과 러시아를 빼고는 기술 분야에서 세계 톱클래스에 꼽힐 만했다. 하지만 이런 엘롭도 자국 안보용으로 사용하는 2m급 위성 카메라를 개발한 경험만 갖고 있었다.

해상도 1m급의 카메라를 제작하려면 설계 기준과 실제 제작된 반사경 간 오차의 허용 범위가 머리카락 두께의 약 1만 분의 1 정도에 불과해야 한다. 기본적으로 전자광학카메라는 광학, 전자, 전송, 기계 등의 부문으로 세분화되는 하나의 복잡한 시스템이다. 반사경뿐 아니라 모든 기계적인 결합과 시험은 두 나라 연구진 모두 처음 겪어야 할 난이도였다.

최고 수준의 광학 기술을 갖춘 엘롭도 이 정도 수준의 카메라를 제작하는 건 아주 어려운 일이었다. 엘롭과 우리 연구진이 서로 가진 기술과 경험을 짜내고 짜내야 하는 진정한 의미의 공동개발이 필요한 상황이었다.

예상대로 설계 과정부터 순탄치 않았다. 우선 아리랑 2호의 전자광학카메라는 작고 가볍게 만들어야 했다. 위성은 크게 본체[몸체]와 탑재체[카메라와 같은 임무 수행 장비]로 나뉘는데 위성의 전체 무게가 정해져 있기 때문에 위성 본체가 작고 가벼우면 탑재체를 조금 크고 무겁게 만들 수 있고, 반대로 위성 본체가 무겁고 커지면 탑재체를 줄여야 했다. 필요한 것들을 많이 집어넣어야 하는데 작고 가볍게 만들어야 하니 설계 조건부터 여유가 없었다.

위성 카메라를 담을 경통을 만드는 것도 문제였다. 가혹한 우주 환경에 고스란히 노출되는 카메라 경통은 태양빛을 받을 때 영상 300도와 그렇지 않을 때 영하 300도의 극심한 온도 변화에도 변형이 없어야 한다. 또 우리가 원하는 구경 60cm의 반사거울을 담으려면 경통의 크기가 지름 약 80cm, 길이 1m 정도는 되어야 했다. 이렇게 하려면 두께는 2mm, 무게는 단 몇 kg 이내로 맞춰야 했는데 적합한 소재를 구해 작고 정밀한 구조를 만들어야 하는 것이다. 만드는 방법을 몇 차례나 바꾼 뒤에야 쓸 만한 경통이 만들어졌다. 하지만 경통 제작에 배정한 시간은 이미 훌쩍 넘겨 버린 뒤였다.

반사경을 카메라의 구조체와 결합시키는 과정에서도 문제가 생겼다. 광전자부에서는 신호가 매끄럽게 나오지 않았다. 광전자부 이상은 촬영 영상의 품질을 좌우하는 아주 심각한 문제였다. 뭐하나 쉬운 게 없었던 것이다. 상당한 시간이 걸렸지만 다행히도 이러 저런 문제들이 해결되고 막바지 시험이 시작됐다.

유대 안식일과 방독면

개발 기간이 어느 정도 늘어날 수 있다는 예상은 됐지만 생각보다 기술적 난제는 컸다. 극도로 예민한 부분에서 설계나 분석대로 결과가 나오지 않을 때마다 항우연 연구진의 이스라엘 파견 기간은 하염없이 길어져 갔다. 개발이 지연되면서 연구진들은 개발 기간을 하루라도 단축하고 싶었지만 마음대로 되지 않았다. 그러나 연구진을 가로막은 건 기술적인 어려움만이 아니었다. 이스라엘 고유의 문화가 연구진의 애를 태우기도 했다.

이스라엘은 금요일 해질 녘부터 토요일 해질 때까지를 안식일로 지킨다. 안식일에는 절대로 일을 해선 안된다. 이스라엘에서 이날 일을 시키는 것은 불법이고, 스스로 일하는 행위도 범죄로 여겨진다. 아무리 바쁜 일이 있어도 유대인들은 안식일만큼은 종교적 의례를 가장 우선시하기 때문이다.

카메라 개발의 막바지 단계인 열진공 시험이 진행되던 때의 일이다. 이미 아리랑 2호의 카메라 제작 일정이 상당히 지연된 상황이었다. 열진공 시험은 급격한 온도차와 진공 상태를 만들어 내는 장비 안에 카메라를 넣고 상당 기간 동안 연속적으로 진행해야 한다. 인공적으로 진공과 극한의 온도를 만들어 내야 하기 때문에 시험 준비와 성능 측정에 꽤 오랜 시간이 필요하다. 열진공 환경 시험은 자동적으로 진행되지만 연구진이 반드시 시험 장비 옆을 지키며 데이터를 모니터링하고 장비의 작동 상태도 계속 확인해야 한다.

그런데 엘롭은 금요일 오후에 시험 장비 작동을 중단하겠다고 통보했다. 안식일 때문이었다. 굉장히 난감한 상황이었다. 한국

같았으면 늦어진 일정을 조금이라도 줄이기 위해 주말이든 야간이든 상관없이 연속해서 시험에 매달렸을 테지만 엘롭은 이스라엘 회사였다. 문화적인 차이가 컸다.

한 시가 급했던 우리로서는 아주 큰 시간적 손실이 아닐 수 없었다. 그렇다고 이스라엘 고유의 종교적 신념과 문화, 규칙을 무시할 수도 없는 일이었다. 우리 연구진은 고민 끝에 한 가지 방법을 떠올렸다. 바로 '이방인'임을 강조하자는 것. 한국인들은 외국에서 왔고 종교도 다르니 안식일을 지키지 않아도 되므로 우리가 주말에 당번을 서겠다고 엘롭을 설득했다.

선례가 없을 뿐 아니라 편법적인 상황이었지만 엘롭 측 프로젝트 매니저는 우리 연구진들의 상황과 열정을 잘 이해하고 있었다. 그가 회사 고위층을 설득했고 엘롭은 창사 이래 처음으로 주말 열진공 시험을 허용하는 어려운 결정을 내렸다. 그렇게 주말 시험이 진행됐다.

그러나 엘롭의 보안 규정이 또 발목을 잡았다. 외국인만 회사에 남겨 둘 수는 없었던 것이다. 결국 주말 시험은 단 한 번으로 다시 중단됐다. 엘롭 측의 부담이 너무 컸다. 나중에 안 일이지만 이 단 한차례의 허용도 엘롭 내에서 두고두고 논란이 됐다고 한다.

문화적 차이에서도 문제가 생겼지만 이스라엘 현지의 불안정한 정세는 우리 연구진의 안전을 위협하고 있었다. 이스라엘과 팔레스타인의 무장 충돌이 점점 빈번해지고 전쟁의 양상으로 발전하면서 우리 연구진은 신변 안전을 걱정했다. 현지에 파견된 우리 연구진은 연인원 100명에 가까웠고, 엘롭의 시험실에는 언제나 우리 연구진 10여 명이 상주하고 있었다.

이스라엘과 팔레스타인의 충돌은 좀처럼 진정세를 보이지 않았다. 팔레스타인의 테러와 이스라엘의 보복 공격이 빈번하게 반복됐다. 엘롭은 우리나라 대덕연구개발특구처럼 과학기술특화단지 내에 위치해 있어 언제든 공습을 받을 수 있는 위험지역이었다. 실제로 불과 5km 떨어진 인근 지역에서까지 폭탄 테러가 발생했다. 이스라엘의 어느 곳도 테러의 위협에서 안전하다고 장담할 만한 곳은 없었다.

이 와중에도 카메라 개발에는 여러 크고 작은 기술적인 문제가 계속됐다. 우리 연구진의 파견 기간은 기약 없이 연장되고 있었다. 위성 카메라 개발이 중후반에 이르렀을 2002년, 살얼음판을 걷는 듯하던 정세가 급격히 악화되며 이스라엘에 전쟁의 그림자가 드리우기 시작했다. 제2차 이라크 전쟁 발발 조짐이 나타나기 시작한 것이다. 1차 걸프전쟁 때 이라크는 이스라엘을 미사일로 공격했었다. 이번에도 전쟁이 터지면 이라크는 또 이스라엘을 공격할 태세였다.

전쟁이 초읽기에 들어갔다는 조짐이 감지되면서 이스라엘에 체류하던 외국인들의 탈출 러시가 시작됐다. 이스라엘 정부는 생화학전에 대비하라는 지침을 발령하고 자국민들에게 방독면을 지급했다. 외국인들에게는 이스라엘을 떠나라는 통보가 전해졌다. 몇몇 선진국은 전세기를 동원해 자국민들을 철수시켰다. 이스라엘에 진출해 있던 국내 기업의 직원들도 귀국을 서둘렀다.

하지만 우리 연구진은 이스라엘을 떠날 수 없었다. 하루라도 빨리 아리랑 2호의 카메라를 완성해야만 했다. 카메라가 늦어지면서 전체적인 위성 제작 기간이 지연된 상황이었다. 가족과 함께 이스라엘에 머물던 연구진들은 일단 가족들만 한국으로 돌려보냈다. 연구진은 시험실에서 엘롭 직원들과 함께 대피하는 훈련을 해가며 만일의 사태에 대비했다.

그 무렵 한국의 항우연 본원에서 무언가가 공수됐다. 독일제 고성능 방독면이었다. 전쟁의 위험을 피해 모두 돌아간 그곳에 더 남아 카메라 개발을 앞당기라는 무언의 요구였다. 구하기 어려웠던 방독면을 어렵사리 공수해 준 본원에 고마운 생각도 들었지만, 솔직히 당분간 위험을 피해 가족들의 품으로 돌아가고 싶은 마음이 컸다. 하지만 또 한편에서는 차마 귀국 명령을 내리지 못하고 방독면을 보낸 본원 책임자들의 무거운 고뇌를 이해 못 하는 바도 아니었다. 연구진은 버틸 수 있을 때까지 최대한 버티면서 일을 진척 시켜가기로 했다.

2002년 12월로 접어들면서 전쟁 정세는 더욱 악화됐다. 이스라엘에 남은 외국인은 이제 찾아보기 힘들었다. 연구진은 2003년 2월 파견지를 잠시 떠나 귀국길에 올랐다. 그렇게 몇 주가 지나면서 결국 2차 이라크전이 발발했다. 다행히 엘롭의 시험실은 무사했다. 전쟁이 끝난 2003년 여름, 연구진은 다시 짐을 싸 이스라엘로 향했다.

그리고 2004년 11월, 우여곡절 끝에 세계 최고 수준의 해상도 1m급 전자광학카메라가 완성됐다. 애당초 4개월의 파견 명령을 받았던 몇몇 연구진은 임무를 모두 마치고 귀국하기까지 무려 23개월을 이스라엘에서 지냈다. 처음 부여된 파견 기간과 실제 현지 체류 기간이 일치한 사람은 거의 없었다.

위성 카메라,
퀀텀 점프에 성공하다

원래 계획했던 전자광학카메라 개발 기간은 3년이었지만, 기술적 난제와 여러 시행착오를 극복하는데 2년이라는 시간이 더 걸렸다. 총 5년의 시간이 카메라 개발에 소요됐다. 계획보다 긴 시간이 들었지만 해상도 1m급 전자광학카메라는 세계 최고 성능을 가진 위성 카메라였다. 이제 막 걸음마를 막 시작한 어린아이가 하룻밤 새 계단을 뛰어오를 수 있을 정도로 발달 한 것이나 다름없는 기술적 진보였다.

아리랑 2호는 2006년 우주로 올라가 2015년까지 공식 운용됐다. 설계 수명이 3년이었지만 무려 9년 동안 임무를 수행한 것이다. 개발 당시 수도 없이 문제를 일으켰던 카메라는 정작 우주에

▲ 다목적 실용 위성 전자광학카메라 시험 모습 ©한국항공우주연구원

올라서는 아주 작은 오류나 오차도 없었다. 9년 동안 촬영한 영상은 국내외 지역을 포함해 모두 252만 3,700여 장에 이르렀고, 영상의 해외 수출까지 이뤄졌다.

아리랑 2호 개발 과정에서 우리나라의 위성 전자광학카메라 개발 기술은 세계적 수준이 됐다. 원하는 카메라 성능은 높지만 자체 보유한 기술이 없었던 터라 불가피하게 외국에서 교육을 받거나 공동 개발을 해야 했다. 그러나 이제는 완전한 국내 기술로 고성능의 위성 카메라 제작이 가능해졌다.

아리랑 2호 다음 자체 개발한 아리랑 3호의 카메라의 해상도는 무려 70cm급으로 아리랑 2호에 비해 2배 정도 해상도가 향상

◀▲ 아리랑 위성 1호(아래)와 2호(위)가 촬영한 서울 잠실의 모습. 해상도에서 확연한 차이가 나타난다. ©한국항공우주연구원

▲ 다목적 실용 위성 전자광학카메라 시험 모습 ©한국항공우주연구원

됐다. 선진국의 고성능 위성 카메라 성능에 견주어도 손색이 없는 수준이다. 어떤 일이 연속적으로 조금씩 완만하게 발전하는 것이 아니라 몇 단계의 계단을 한 번에 뛰어오르듯이 아예 새로운 단계로 발전했음을 이르는 '퀀텀 점프Quantum Jump'는 바로 이런 일을 일컫는 말이었다.

우리나라는 1999년 해상도 6.6m급의 아리랑 1호를 발사한 이래 7년 만인 2006년 관측 성능이 무려 40배 좋아진 아리랑 2호를 발사했고, 이후 6년 만인 2012년 아리랑 2호보다 두 배 좋은 눈을 가진 아리랑 3호를 발사했다. 또다시 3년 후인 2015년엔 해상도 50cm급, 아리랑 3호에 비해 두 배 정도 눈이 밝은 아리랑 3A

호를 발사하기에 이르렀다.

선진국에 비해 40여 년 늦게 위성 개발에 뛰어든 나라가 이제는 세계에서 다섯 손가락 안에 꼽힐 정도의 위성 카메라 개발 실력을 갖췄다. 조금 과장을 섞어 말해 해상도 50cm의 위성 카메라라면 첩보 위성에 탑재될 만한 수준으로 우리도 광학 탑재체에 관한한 세계 어디에 내놔도 밀리지 않는 실력을 갖춘 것이다.

위성 카메라 분야에서 이렇게 빠른 기술 발전을 이룬 나라는 없다. 특히 해상도 1m 이하인 아리랑 3호와 같은 고성능 카메라들은 각국이 전략적으로 취급하는 최첨단 보안 기술이기 때문에 아리랑 1호, 2호 개발 방식처럼 해외로부터 기술을 배우거나 공동 개발하는 방법으로는 개발할 수 없다. 그래서 기술적인 의미가 더욱 크다. 신변의 위협을 무릅쓴 연구진의 도전과 반복되는 실패 속에서도 포기하지 않았던 끈기가 없었다면 이런 속도의 기술 발전은 불가능했을 것이다. 대한민국 위성의 눈을 퀀텀 점프 시킨 연구진의 노력이 박수를 받기에 충분한 이유다.

대한민국,
우주 발사체의 꿈을 품다

우리나라는 선진국에 비해 30~40년 뒤늦게 발사체 개발에 뛰어들었다. 우리나라 우주 발사체 개발의 출발점은 한국항공우주연구원의 과학 로켓 개발이었다. 항우연은 1990년대 수십 명에 불과한 연구 인력으로 1단형 과학 로켓 'KSR-I'과 2단형 과학 로켓 'KSR-II' 개발에 뛰어들었다. KSR-I, II는 고체 연료를 사용하는 작은 로켓이었는데, 우주 발사용이 아니라 한반도 상공의 대기층을 조사하는 과학 목적의 로켓이었다.

그러나 고체 연료를 사용한 로켓으로는 우주 발사체 개발이 어려웠다. 기술적인 부족함도 있었지만 전술 무기로서의 활용 가능성 때문에 국제적인 제약이 컸다. 이 한계를 극복하기 위해서 액체 연료를 사용하는 로켓 'KSR-III' 개발이 시작됐다. 하지만 이 역시 우주 발사체용이 아닌 과학 로켓이었다.

KSR-III 개발에서 가장 중요한 것은 항공유케로신와 액체산

▲ 과학 로켓 KSR-I과 KSR-II의 발사 모습
ⓒ한국항공우주연구원

▲ 액체추진 로켓 KSR-III 발사 모습
©한국항공우주연구원

소를 추진제로 사용하는 13톤급 액체 엔진의 개발이었다. 액체 연료 엔진은 우리나라가 처음 도전해 보는 분야였다. 개발 초기에는 예산과 인력의 부족으로 어려움을 겪기도 했으나 5년에 걸친 개발 끝에 결국 개발에 성공하고 2002년 11월 발사에 성공한다.

하지만 KSR-III를 우주 발사체용으로 발전시켜 가기에는 기술적인 한계가 너무나 컸다. 새로 개발한 액체 엔진이 우주 발사체용으로 쓰기에는 어려운 기술이 적용됐던 탓이다. 안타깝지만 이는 당시 우리나라 로켓 기술의 현실이자 한계였다.

그무렵 국내에서는 발사체 개발을 서둘러야 한다는 여론에 불이 붙었다. 북한이 '광명성 1호'를 발사한 것이다. 북한은 인공위성을 발사하는데 성공했다고 대대적으로 선전했다. 인공위성이라는 광명성 1호는 지구 궤도 진입에 실패한 것으로 파악됐지만, 그것이 인공위성인지 아닌지는 중요한 것이 아니었다. 우리를 불안하게 한 것은 광명성 1호를 발사한 로켓이었다. 북한의 발사체 기술이 우리보다 몇 발 앞서 있다는 사실을 확인해 준 사건이었기 때문이다. 이는 우리나라의 우주 발사체 개발 의지를 크게 자극했다.

북한과의 특수한 관계에 있는 우리에게 사실, 우주 발사체는 우주 수송 수단을 확보한다는 원리적 차원 이상의 의미를 갖고 있었다. 국가 안보를 위해 반드시 필요한 기술이자 국가적 위상을 높이고 국민적인 자부심을 살릴 수 있는 중요한 수단이었다. 어려움을 겪더라도 빨리 발사체 기술을 확보해야 했다. 그러나 우주 발사체를 뚝딱 만들어 낼 기술적 능력이 없었다. KSR-I부터 KSR-III까지 이어진 과학 로켓 시리즈 개발이 기술적 주춧돌이 되긴 했지만, 과학 로켓 개발에 필요한 기술 수준과는 차원이 다른 도전이 필요했다.

필요한 기술을 외국으로부터 들여오거나 배울 수도 없었다. 우리나라가 미사일 기술을 확산하지 않는다는 '미사일기술통제체제MTCR'에 가입했다고 해서 다른 나라로부터 발사체 기술을 배울 수는 없었다. MTCR에 가입하면 선진국이 주도하는 우주 개발 협력에 참여할 수 있도록 기회를 얻을 수 있었지만, 사실상 이것은 발사체 기술을 뺀 나머지 분야에 대한 것이었다. MTCR은 새롭게 발사체 기술을 갖는 나라가 생기지 않도록 막는 숨은 의미를 갖고 있기도 했다.

MTCR 체제를 주도한 미국은, 특히 선진국들이 다른 국가에 발사체 기술을 제공하는 것에 대해 부정적이었다. 미국은 냉전이 한창이던 1970년대 일본에 유일하게 델타 로켓 기술을 제공했지만, 1987년 MTCR 체제의 출범 이후엔 그 어떤 나라에도 발사체 기술을 이전하지 않았다. 물론 다른 나라의 발사체 기술 이전이나 개발도 반대했다. 당연히 우리나라의 우주 발사체 개발에 대해서도 미국은 여전히 부정적인 입장을 갖고 있다.

결국 우리나라가 우주 발사체 기술을 갖자면 새로운 기술 개발 단계에 스스로 올라서야 한다는 것을 의미했다. 사실상 무에서 유를 창조하는 수준이라 해도 과언이 아니었다.

우리 땅에서, 우리 발사체로, 우리 위성을

정부는 가급적 빨리 우주 발사체를 쏘아 올리고 싶어 했다. 그러나 KSR-III로 얻은 기술은 우주 발사체에 그대로 적용하기에는 어려운 부분이 많았다. 우리 기술만으로 독자적인 발사체 개발은 자신할 수 없는 상황이었다. 결국 두 가지 길을 가야 했다. 실패 가능성을 무릅쓰고라도 처음부터 국내 독자 개발에 도전하는 것과, 가능한 선에서 선진국의 도움을 받으면서 그 과정을 기술 발전의 디딤돌로 삼는 방법이었다.

이 두 방안은 장단점이 극명했다. 독자 개발안은 '우리 땅에서, 우리 발사체로, 우리 위성을 발사한다'는 국가 우주 개발 기조에 가장 부합하는 것이었지만, 기술을 완성하지 못할 가능성이 있

SPACE BREAK

우주 발사체, 그 존재의 이유

로켓이 없으면 우주에 인공위성을 보낼 수 없다. 달이나 화성에도 갈 수 없다. 중력을 거슬러 올라 다시 중력에 이끌려 추락하지 않고 지구 궤도를 계속해서 돌 수 있는 속도, 초속 7km 이상을 만들어 낼 수는 있는 것은 로켓뿐이다.

우주 발사체 로켓 기술은 1950년대 말부터 본격적으로 활용되기 시작했다. 이미 60년 이상 사용된 기술이다. 하지만 아직까지 우주 발사체 기술을 가진 나라는 미국, 러시아, 유럽, 일본, 중국, 인도, 이스라엘, 우크라이나, 이란, 북한 등 10개국에 불과하다. 매우 어렵고 복잡한 기술이라 고도의 산업기술과 오랜 시간에 걸친 막대한 비용 투자가 필수적이기 때문이다.

우주 발사체 기술을 가진 나라는 극소수인 반면 인공위성을 우주로 보내 활용하려는 국가들은 아주 많다. 이들 국가는 별수 없이 우주 발사체를 가진 나라들에게 돈을 지불하고 인공위성 발사를 맡겨야 한다. 우리나라도 누리호의 성공 전까지는 그런 처지였다.

그러나 돈을 낸다고 해서 필요할 때면 언제라도 인공위성 발사를 맡길 수 있는 것도 아니다. 우리나라는 1999년 처음 실용급 지구관측 위성인 아리랑 1호를 발사한 이후, 지금까지 7개의 인공위성을 모두 해외의 발사체를 이용해 우주로 보냈다.

이 과정에서 아리랑 5호는 발사체 회사의 사정으로 발사가 수년 동안 지연되기도 했다. 다른 나라 위성과 같이 발사되는 경우도 많다. 이 경우 우리 위성이 아니라 다른 나라 위성에 문제가 생겨도 발사 일정은 같이 미뤄진다.

마찬가지로 우리 위성에 말썽이 생기면 타국 위성 발사도 영향을 받는다. 발사하려는 위성은 많은데 발사할 수 있는 곳은 극히 제한적이니 당연한 결과다. 우주 발사 서비스가 수요를 따라가지 못하는 것이다. 택시 승강장에 줄이 길게 서 있는데 택시가 띄엄띄엄 들어오는 것과 같다. 같은 방향으로 가는 택시가 네 자리를 다 채워야 출발한다고 강짜를 부리면 다른 교통수단이 없는 승객들이 별 수없이 기다려야 하는 것과 같은 상황이다.

우주 발사체를 빌리기만 해서는 제때에 자기가 필요한 인공위성을 우주로 보내기는 어렵다. 국력이 세진 나라들이 독자적으로 발사체 기술을 확보하기 위해 애쓰는 이유다. 독자 발사체가 있어야 원할 때 원하는 위성을 우주로 보낼 수 있다. 독자적인 우주 발사체는 곧 자주적 우주 활동의 기본 조건인 것이다.

고 이 경우 막대한 손실과 비난을 감수해야 했다. 또한 그저 그런 발사체를 만들고 싱겁게 끝나버릴 가능성도 있었다. 국제 협력안은 선진 기술의 힘을 빌릴 수 있기 때문에 상대적으로 개발 기간을 단축하고 발사에 성공할 확률이 높지만, 완전한 기술 이전이 불가능하기 때문에 독자 발사체 개발 단계를 한 번 더 거쳐야 한다는 단점이 있었다.

무엇이 더 우리에게 효과적인 방법인지를 판단하는 것은 칼로 무 베듯 결정할 수 있는 것이 아니었다. 전문가들은 이 두 가지 방안을 두고 오랜 기간 치열한 논쟁과 검토를 벌였다. 옳고 그름이나 좋고 나쁨의 문제가 아니었다. 결국 먼저 어떤 길을 선택하고 최선의 결과를 얻기 위해 노력하느냐에 달려 있는 것이었다. 결국 정부는 '국제 협력' 방식을 선택했다. 완전한 독자 개발로 나아가기에는 당시 기술 성숙도가 부족하다고 판단한 것이다.

이에 따라 항우연은 해외의 협력 대상을 찾아 나섰다. 하지만 예상대로 선진국들은 한국의 발사체 개발에 결코 우호적이지 않았다. 우방인 미국 역시 협력 요청을 거절했다. 미국은 우리가 과학 로켓 KSR-I과 KSR-II를 개발할 때만 해도 일부 부품을 우리나라에 수출했지만, 액체 로켓 KSR-III를 개발할 때부터 부품 수출을 끊었다. 중요한 로켓 관련 부품은 지금까지도 미국에서 한국으로 들어오지 못한다.

일본도 마찬가지였다. 과거 자신들은 미국의 도움으로 발사체 기술을 확보했지만 다른 나라의 발사체 기술을 돕는 것은 단호하게 거절했다. 프랑스와 중국도 모두 마찬가지였다. 그때 마침 당시 경제적 어려움에 빠진 러시아가 발사체 기술을 상업적으로 활용하려는 의지가 보였다. 러시아에게는 미안한 얘기지만 당시 러시아의 급격한 경제 위기는 우리 발사체 기술 발전에는 큰 행운이었다. 러시아는 세계 최고의 발사체 기술 보유국이면서 당시 경제난으로 협력 비용도 쌌다. 그렇게 시작된 것이 '한국우주발사체KSLV-I, Korea Space Launch Vehicle-I' 개발 사업이었다.

목표는 100kg급 소형 인공위성을 지구 저궤도에 투입할 수 있는 능력을 가진 발사체를 개발하면서, 발사체 기술을 완전히 자립화하기 위한 기술과 경험을 쌓는 것이었다. 총 5,205억 원의 예산이 투입되고, 10여 년에 걸쳐 진행되는 대규모 사업이었다. 'KSLV-I'은 총 길이 33m, 직경 2.9m, 연료와 산화제를 포함한 무게는 총 140톤의 2단형 로켓으로 설계됐다. 1단은 러시아가 제작했는데 170톤 급의 추력을 내는 최신 액체 연료 엔진이 적용됐다. 우리는 인공위성을 최종적으로 궤도에 투입하는 2단을 고체 연료 로켓으로 만들었다.

그러나 나로호는 실패의 연속

선진국의 로켓 공학자들이 농담처럼 하는 얘기가 있다. "새로운 엔진을 만드는 건 미친 짓"이라는 것이다. 그만큼 어렵고 실패 확률이 크기 때문이다. 우리 연구진은 그 농담이 농담만은 아니라는 것을 절감했다. 아무리 세계 최고의 기술국 러시아와의 협력이 이루어졌지만 역시 새로운 로켓 개발에는 생각지도 못한 난관이 부지기수로 일어났다. KSLV-I은 원래 2005년 9월에 발사하기로 계획됐다. 하지만 여러 기술적인 문제로 몇 차례 연기됐다. 이 과정에서 국민 공모를 통해 '나로호'라는 새 이름도 생겼다. 나로우주센터가 있는 지역명을 딴 이름이었다.

우여곡절 끝에 첫 발사 일정이 잡혔다. 당초 계획보다 4년이 늦어진 2009년 8월이었다. 오랜 기다림 끝에 나로호가 발사대에 우뚝 서자 여론은 고흥 나로우주센터로 집중됐다. 모든 지상파 방송사가 나로우주센터에 큰 야외 스튜디오를 세우고 생방송을 시작했다. 나로우주센터에 모인 언론사 관계 인력만 1,000여 명에 달했다.

발사 10분 전 카운트다운. 사람들은 역사적인 순간을 놓치지 않으려는 듯 TV가 있는 곳마다 모여들었다. 하지만 발사 7분 56초 전, 갑자기 자동 발사 절차가 중단됐다. 고압탱크 압력을 측정하는 소프트웨어가 말썽을 일으킨 것이었다. 긴장감 속에 TV 생중계를 지켜보던 국민들은 크게 아쉬워하면서도 한편으로 나로호를 격려했다.

그로부터 6일 뒤 나로호는 다시 발사대에 세워졌다. 국민들도 다시 응원을 보냈다. 나로호는 국민의 기대에 부응하기라도 하듯 엄청난 화염과 진동을 일으키며 하늘로 솟구쳐 올랐다. 170

▲ 나로호 발사 ©한국항공우주연구원

톤에 달하는 로켓 추력이 대한민국 땅에 진동을 일으킨 첫 순간이었다. 진동은 발사대에서 약 2km 떨어진 발사통제동까지 전해졌다. 발사통제동을 지키던 연구진들은 그 엄청나고 새로운 경험에 감탄하며 환호했다.

발사통제동에는 나로호가 비행하며 보내는 신호들이 차례로 들어오기 시작했다. 비행 절차를 나타내는 표시판이 하나씩 파란색으로 변했다. '정상'을 표시하는 신호였다. 그런데 위성 보호 덮개인 페어링이 분리돼야 할 순간 신호가 바뀌지 않았다. 뭔가 문제가 생긴 것이다. 페어링이 제대로 분리되지 않은 것이었다.

▲ 페어링 분리 시험 ©한국항공우주연구원

곧바로 발사조사위원회가 꾸려졌다. 발사체 맨 꼭대기에 있는 페어링은 두 쪽으로 쪼개지듯 분리되는데 한쪽이 제대로 분리되지 않아 그 무게로 인해 로켓이 제 속도를 내지 못하면서 위성을 궤도에 투입하는데 실패했다는 조사 결과가 나왔다.

페어링은 우리나라가 개발한 부분이었다. 연구진은 원인 규명을 위해 5개월 동안 페어링 분리 시험을 반복했다. 페어링에 사용되는 각 부품들도 400여 차례나 다시 시험했다. 하지만 발사 당시 벌어졌던 현상이 정확히 무엇 때문인지 정확한 답을 찾아낼 수 없었다. 다만 진공 상태에서 종종 일어나는 전기 방전 때문에 페어링 분리 장치를 작동하는 신호가 전달되지 못 했을 가능성이 제기됐고, 결국 이 문제를 보완하기로 했다.

발사체 사고에 대한 조치는 세계적으로도 거의 이런 식으로 이루어졌다. 차량 급발진 사고 같은 경우 멀쩡히 사고 차를 놓고도 원인을 밝히기 어렵다. 하물며 발사체 사고는 사고 기체가 아예 없기 때문에 실패 원인을 찾아내기가 거의 불가능에 가깝다.

페어링 장치에 대한 보완을 마친 뒤 2010년 6월 9일, 나로호의 2차 발사가 시도됐다. 그런데 이번엔 발사 당일 준비 과정에서 엉뚱한 일이 벌어졌다. 발사대에서 갑자기 하얀 거품이 뿜어져 나오기 시작했다. 화재가 발생했을 때 분출돼야 할 소화액이었다. 불은 나지 않은 상태였다. 급히 발사 절차가 중지됐다. 전 국민에게 생중계되고 있던 상황이었다. 다행히 소화 용액이 나로호에 영향을 주지 않은 것으로 파악돼 다음날 곧바로 재발사를 추진했다. 하지만 이번엔 참사가 벌어졌다. 발사 후 2분 17초 만에 공중 폭발하고 만 것이다.

몇 차례 연기되고 2차 발사에도 실패하자 여론은 크게 악화됐다. 한국과 러시아는 공동 조사에 착수했다. 사고 원인에 대한 양측의 의견은 엇갈렸다. 러시아 연구진은 우리나라가 개발한 비행종단장치가 잘못된 것이라고 주장했다. 발사체가 예상치 않은 방향으로 비행할 때 안전을 위해 발사체를 강제로 폭파시키는 장치를 문제 삼은 것이었다. 하지만 나로호의 폭발 시점은 러시아가 제작한 1단 로켓이 작동하는 시간이었기 때문에 우리는 러시아 측 로켓의 문제를 지적했다.

양측 연구진은 서로가 제시한 실패 원인을 입증하기 위해 치열하게 논쟁해야 했다. 조사 기간은 거의 2년이 걸렸다. 하지만 이번에도 명백한 사고 원인을 찾지 못했다. 한-러 공동조사단은 결국 서로가 내세운 가설을 다 인정하고 이를 모두 보완하기로 했다.

6번 시도 끝에, 단 한 번 열린 하늘 문

나로호는 3차 발사 시도에 들어갔다. 러시아와의 계약은 나로호를 2번 발사하고 그중 1번이라도 실패하면 세 번째 발사를 무상으로 할 수 있었다. 다시 말하면 이번에 실패하면 나로호 사업은 영원히 실패로 기록되는 것이었다. 그것은 한국이 더 이상 우주 발사체 개발을 추진하지 못하게 될 수도 있다는 것을 의미했다.

하지만 하늘 문은 3차 발사도 쉽게 허락하지 않았다. 나로호 3차 발사는 2012년 10월과 11월, 두 차례 발사를 시도했지만 부품에 문제가 생기며 발사 준비가 중단됐다. 러시아로부터 부품을 새로 공수해와야 하는 상황까지 벌어졌다. 연구진들에게는 참으로 괴로운 순간이었다. 기술적으로만 본다면 발사 전에 문제가 발견된 것은 다행스러운 일이었지만 언론과 국민이 보내는 질타는 너무나 매서웠다.

연기와 실패가 반복되자 제발 쏘기라도 했으면 좋겠는 조롱이 나왔다. 일부 언론은 "한국 돈으로 러시아 로켓을 개발 시험하는 꼴"이라고 비판했다. 주식이나 성적이 떨어지는 경우를 빗대 "나로호 같다"는 말이 나돌았다.

그리고 다시 한번 도전의 순간이 다가왔다. 발사 시간은 2013년 1월 30일 오후 4시로 정해졌다. 이번엔 반드시 성공해야 한다고 주문을 외웠지만 연구진의 가슴속 한편에서는 실패할지도 모른다는 두려움이 소용돌이쳤다.

"최종 카운트다운을 시작합니다."

나로우주센터에 발사가 임박했음을 알리는 방송이 시작됐다. 발사 15분 전 시작되는 자동 발사 절차에 돌입한 것이었다. 나로호는 이제 연구진들의 손을 떠나 컴퓨터가 정해진 순서와 상황에 따라 판단한다. 작은 오류라도 발생하면 발사는 자동으로 중단된다. 쥐 죽은 듯한 정적이 흘렀다. 마지막 10초.

"9, 8, 7… 3, 엔진 점화, 2, 1, 발사"

세 번째 나로호가 발사됐다. 나로호가 힘차게 발사대를 박차로 올랐지만 누구도 환호하지 않았다. 나로호가 우주 궤도에서 위성을 분리하는 그 최종적 순간까지 긴장의 끈을 놓을 수 없었다. 이제 성공 아니면 실패 둘 중 하나의 결과만이 남아 있을 뿐이었다. 연구진들은 두 손을 모으고 나로호의 상태가 수신되는 모니터를 뚫어져라 주시했다.

▲ 나로호 발사통제센터 ©한국항공우주연구원

이륙 215초, 1차 발사에서 말썽을 일으켰던 페어링이 분리될 순간이었다. 임무 관제센터 모니터에 표시된 페어링 분리 절차에 색이 바뀌었다. '파.란.색.' 페어링이 두 쪽이 모두 제대로 떨어져 나간 것이다. 발사 후 231.3초가 되자 1단 로켓도 정확히 분리됐다. 발사 상황이 표시된 전광판은 차례로 파란색으로 바뀌어 나갔다. 하지만 어느 연구진의 얼굴에서도 웃음기가 비치지 않았다. 이제 우리가 제작한 2단 로켓이 제대로 작동해야 하는 순간이었다.

발사 395초, 1단 로켓이 분리된 뒤 계속 관성 비행을 하던 2단 로켓이 점화됐다. 나로호 2단은 위성 투입 궤도를 향해 계속 전진했다. 발사 후 540초, 마침내 위성이 분리됐다. 연구진에게는 세상에서 가장 긴 540초가 지나갔다. 곧바로 나로우주센터 임무 통제센터에는 로켓에서 위성이 분리되는 영상이 수신됐다. 모니터를 뚫어지게 바라보던 발사 책임자가 거의 움찔하다시피 움직이며 순간적으로 헤드셋을 벗고 자리에서 번쩍 일어났다. '됐다!'는 것이었다.

임무 통제센터에서는 환호가 터졌다. 혹여 부정이라도 탈까 숨죽이며 발사 상황을 지켜보던 수백 명의 관계자들도 그제 서야 함성을 내질렀다. 비로소 허락된 단 한 번의 성공을 만끽하는 순간이었다. 12년의 세월을 함께 달려온 연구진들은 서로를 부둥켜 앉았다. 한없이 눈물을 흘리는 이도 있었다. 로켓 개발자로서 자녀들에게 자랑스러운 부모이고 싶었지만 때로는 온갖 유언비어와 비난, 조롱을 견뎌내야 했다.

나로호의 목적은 작은 위성 한 대를 우주 궤도를 올려놓는 데 있지 않았다. 나로호는 발사체 기술을 완전히 자립하기 위한 디딤돌이었다. 반복된 실패와 발사 연기는 아주 쓰고, 고약한 것이었지만 그 효과는 아주 확실한 약이 됐다.

기술 자립을 위한 플랜 B의 가동

나로호 사업 기간 동안 언론이나 정부 당국자의 모든 초점은 오직 '나로호 발사 성공'에 맞춰져 있었다. 나로호가 너무나 큰 관심사가 되면서 나로호 발사 성공이 마치 하나의 종결점처럼 인식됐다. 하지만 나로호의 최종 목표는 발사 성공이 아니라 발사체 기술의 자립에 있었다. 이를 위해서는 독자적인 중대형 액체 엔진 기술을 가져야 했다. 우리나라의 액체 로켓 엔진 기술 수준은 KSR-III 때 개발한 15톤 급의 가압식 액체 로켓 엔진이 다였다. 그러나 우주 발사체를 개발하려면 KSR-III 엔진과는 차원이 다른 엔진이 필요했다.

나로호 사업 책임자는 나로호 개발을 진척 시켜 가면서, 한편으로 연구진을 투입해 독자적인 엔진 기술 연구를 진행시키기로 결정했다. 이것은 결코 쉽지 않은 결단이었다. 나로호 개발에 참여한 항우연 연구진은 180여 명에 불과했다. 해외 발사체 개발 회사 직원이 수천~수만 명에 달하는 것과 비교하면 경이로울 정도로 적은 인원이었다. 이 정도 인력으로는 나로호 사업을 제대로 관리하기에도 벅찼다.

하지만 미래를 위해 30톤 급 추력을 내는 터보펌프식 엔진 개발에 도전하기로 했다. 우선 엔진 부품과 추진제 탱크 개발을 시작했다. 그러나 생각대로 쉽게 되는 것은 단 한 가지도 없었다. 뭘 하나 만들어 내기도 여간 어려운 일이 아니었다. 부품 하나를 설계하고 비슷한 제품을 생산하는 업체를 찾아 전국을 돌아다니며 생산 가능성을 타진해야 했다. 제작할 수 있을 것 같다는 답을 얻으면 연구진이 몇 날 며칠 함께 머물며 부품을 만들었다. 그렇게 한 번도 만들어 본 적 없는 로켓 엔진 부품들을 하나씩 만들어 갔다.

그러나 또 다른 문제가 있었다. 부품을 만들어도 시험을 할 수 있는 곳이 없었다. 작업이 제대로 됐는지를 확인할 방법이 없었다. 국내에 있는 설비들은 30톤 급 엔진 부품 시험을 하기에는 너무 작았다. 결국 연구진은 해외의 시험 설비를 빌릴 수 있는지 알아보러 다녔다. 러시아, 유럽, 미국 등을 돌아다니며 시험할 곳을 물색했지만 현실은 녹록지 않았다. 설비를 빌려줄 수 있다는 유럽은 너무 큰 비용을 요구했고, 미국은 기술 유출을 우려하며 거절했다. 다행히 러시아가 적절한 비용으로 설비를 사용할 수 있게 협조해 줬다.

2007년 4월, 러시아의 시험 설비에서 터보펌프 시험이 진행됐다. 터보펌프는 엔진의 심장과 같은 구성품이다. 빠르게 회전하는 터빈이 연료와 액체산소를 아주 높은 압력으로 엔진 연소기에 공급해 주는 기능을 한다. 진짜 추진제를 사용하는 시험이기 때문에 사고의 위험이 있었다.

아니나 다를까, 터빈 회전수가 18,000RPM을 돌파하는 순간 터보펌프가 폭발해 버렸다. 빌린 설비가 화염에 휩싸였다. 사고 원인을 찾자면 터보펌프가 남아 있어야 했지만 상당 부분이 폭발로 소실되어 버렸다. 연구진은 낙담했다. 기술의 완성을 100%라고 했을 때 도대체 어디까지 와 있는지조차 가늠하기 어려웠다.

연구진은 다시 마음을 다잡고 실패가 아니라 도전의 과정이라고 여기며 모든 것을 원점에서 재검토하기로 했다. 밤낮을 지새우며 가능한 모든 기술적 조치를 취했다. 설계를 바꾸고 시험을 반복하며 문제가 된 부품을 다시 만들었다.

1년이 걸려 새로 개발한 부품을 들고 다시 러시아로 갔다. 결과는 성공이었다. 성공은 실패를 먹고산다는 말을 체감했다. 약점이 무엇인지 찾아내고 문제의 원인을 규명해 새로 개발하는 과정은 기술 성숙에 굉장히 중요한 단계였다.

나로호 개발 기간 동안 100% 국내 기술로 발사체를 개발하는 '한국형 발사체' 사업 기획이 추진됐다. 빠듯한 인력과 예산에도 불구하고 국내 업체를 찾아다니고, 해외 시험장을 빌려 가며 미리 연구해 놓은 엔진 기술이 그대로 한국형 발사체 엔진 기술 채택의 근거로 사용됐다.

엔진 독립의 날

나로호 이후 한국형 발사체, '누리호'의 개발이 추진됐다. 누리호의 성패를 좌우할 핵심 기술은 바로 중대형급 액체 엔진을 개발하는 것이었다.

75톤 급 엔진 개발을 하면서 30톤 급 엔진에서는 발생하지 않는 현상이 나타났다. 2014년 10월 29일, 나로우주센터에서는 첫

▲ 75톤 급 엔진 연소시험을 준비하는 연구진 ©한국항공우주연구원

번째 엔진 연소기 시험이 진행됐다. 그런데 연소가 시작된 순간 바로 터져버렸다. 연소 불안정 현상이었다. 액체산소와 등유케로신를 추진제로 사용하는 중대형 엔진에서 자주 나타나는 문제였다. 막대한 양의 추진제가 급속도로 연소하는 과정에서 연소가 불안정해지는 현상인데, 엔진 고장이나 추진력 저하를 일으키고 심할 경우 터져 버린다.

연소 불안정 현상은 수십 년 동안 중대형 액체 엔진 개발자들을 괴롭히는 가장 큰 기술적 어려움인데, 아직까지도 해결 방법이 정립되지 않았다. 일단 연소 불안정이 일어나면 설계 변경과 시험을 반복하며 해결 지점을 찾아야 한다. 선진국에서도 끝내

▲ 누리호 엔진 시험 장면 ©한국항공우주연구원

해결하지 못하고 엔진 개발을 포기한 적이 있을 정도로 아주 어려운 기술 난제다.

미국의 달 탐사 프로젝트 아폴로에 사용된 새턴-V 로켓의 F-1 엔진 개발 당시, 이 문제가 발생해 무려 4년 동안 1,332회의 시험을 거쳐야 했다. F-1 엔진이 우리의 75톤 급 엔진 보다 10배 정도 강력한 엔진이라는 점을 감안하더라도 연소 불안정이 얼마나 어려운 문제인지를 보여주는 일화다.

우리 연구진은 다행히 10개월 만에 연소 불안정을 해결했다. 발사체 개발 일정이 뒤로 밀렸지만 무척 다행스러운 일이었다. 연소 불안정을 해결한 연구진은 본격적으로 엔진 완제품 시험에 들어갔다. 100% 국내 기술로 제작된 엔진이자 누리호의 심장이었다.

2016년 5월 3일, 75톤 급 엔진 1호기의 시동 순서를 확인하기 위한 1.5초짜리 시험이 진행됐다. 연료와 산화제가 절차에 따라 정확히 공급돼 폭발하지 않고 연소되는지를 확인하는 시험이었다. 매우 짧지만 아주 중요한 절차다.

엔진 내부에 설치된 여러 개의 밸브들이 0.1초 미만의 찰나에 정해진 순서에 따라 정밀하게 작동해야 한다. 아무리 잘 만든 부품들이라 하더라도 미세한 차이는 불가피하기 때문에 각 부품들이 작동하는 시간을 0.01초 단위까지 조율해야 한다. 밸브가 열리는 순서가 조금이라도 뒤바뀌면 엔진은 폭발하거나 제 성능을 낼 수 없다. 만약 이 시험에서 실패한다면 시동 순서를 다시 정해야 한다. 기술과 경험이 많이 축적된 선진국에서도 엔진의 시동 순서를 완성하는 데만 2~3년이 걸리기도 했다.

드디어 시험이 시작됐다.

"엔진 스타트, 0초, 0.5초, 1초, 1.5초, 종료."

시험은 눈 깜짝할 새 끝났다. 결과는 성공이다. 첫 단추가 제대로 꿰어졌다. 이 짧은 순간을 위해 30톤 급 엔진 개발과 75톤 엔진 개발, 수 없는 설계 변경과 시험이 이뤄졌다. 외국의 시험 설비를 찾아다녀야 하는 서러움도 마다하지 않았다.

연구진은 서로를 격려했다. 그리고 첫 엔진이 시동하는 순간, 그 감동을 기억하기 위해 이날을 '엔진 독립의 날'로 부르기 시작했다. 연구진들은 드디어 자신들이 개발한 기술이 100%에 도달했다는 사실을 알게 됐다. 그것은 말로 다 표현하기 어려운 희열이었다. 발사체 기술 개발의 가장 큰 기술 장벽이 해결된 것이다.

마침내 이룬 우주 독립의 꿈

2010년 누리호 개발사업에 착수한 이래 11년 만인 2021년 10월 21일, 마침내 개발을 마친 누리호가 1차 발사에 나섰다. 독자 기술로 개발한 우주 발사체의 최초 발사라는 위험성 때문에 누리호에는 진짜 인공위성이 아닌 1.3톤짜리 금속 중량 물체[위성 모사체]가 탑재됐다. 위성 발사가 아닌 비행 시험의 성격이 강한 발사였다.

이날 1차 발사의 결과는 실패였다. 누리호는 위성 모사체를 목표 고도 700km에 올리는데 성공했지만, 3단 엔진이 계획한 시간보다 46초 일찍 꺼지면서 위성 모사체가 계속 궤도에 머무를 수 있는 속도[초속 7.5km]를 내지 못하고 지구로 추락하며 아쉬움을 남겼다. 하지만 발사 운용 절차와 1단, 2단의 완벽한 작동을 검증했다는 것만으로도 큰 성과였다.

실패 원인을 분석한 결과 의외로 초보적인 실수에서 비롯된 실패였다. 누리호 비행 시 추진제 탱크 내에 자연적으로 발생하

▲ 누리호 2차 발사 성공 ©한국항공우주연구원

는 부력 조건을 설계에 반영하지 못했던 것이다. 이로 인해 누리호 3단 산화제 탱크 내부에 고정된 헬륨 탱크가 부력을 견디지 못하고 떨어져 나가면서, 탱크 내부에서 이리저리 충돌하며 벽면에 균열을 내 산화제가 누설된 것으로 밝혀졌다. 기초 요소를 놓친 아쉬움이 컸지만, 사실 선생님 없이 독자 개발해야 하는 과정에서 언제든 발생할 수 있는 시행착오였다.

초보적인 실수에도 불구하고 항우연 연구진은 단기간에 그 원인을 찾아내는 데 성공하며 숨은 실력을 드러냈다. 우주 발사체가 비행에 실패할 경우 대부분 완전히 폭발해 버리거나 추락해 잔해 수거가 어려울 정도로 부서진다. 그로 인해 아예 실패 원인을 찾지 못하거나, 길게는 수년에 걸친 지난한 조사 과정을 거쳐 원인을 추정한다. 그러나 항우연 연구진은 누리호 비행 과정에서 수집한 2,600여 개의 비행 데이터를 정밀 분석해, 약 3개월여 만에 구체적인 원인을 특정하고 개선 방안까지 도출해냈다.

그리고 찾아온 2차 발사. 2022년 6월 21일 오후 4시, 누리호가 나로우주센터의 지축을 흔들며 두 번째 비행을 시작했다. 실패를 딛고 한 걸음 나아가야 한다는 부담이 항우연 연구진들을 압박했다. 누리호는 이륙 후 약 16분간 비행한 끝에 큐브샛 4대를 실은 성능 검증 위성을 고도 700km 궤도에 정확히 투입했다.

이로써 대한민국은 중량 1톤 이상의 인공 물체를 우주에 보낼 수 있는 우주 발사체 기술을 확보한 세계 7번째 국가가 됐다. 마침내 자력으로 우주 강국의 반열에 올라선 것이다. 국민들은 온갖 어려움을 극복하고 마침내 우주 기술 자립에 성공한 항우연에 큰 박수를 보냈다. 항우연 연구진은 12년간의 고뇌와 압박을 한순간에 모두 보상받는 기분이라며 마침내 서로를 얼싸안고 위로하며 자축했다.

항우연은 이에 안주하지 않고 쉴 틈 없이 연구개발에 매진하고 있다. 누리호 기술을 민간에 이전하고, 누리호 후속 발사체 개발 사업에 착수한 것이다. 다음 목표는 누리호 보다 약 3배 정도 성능이 좋은 차세대 발사체를 개발해 달에 우리 탐사선을 보낼 계획이다.

SPACE BREAK

자부심 갖기 충분한 액체 로켓 엔진 개발

발사체 엔진은 세상에 나온 지 60년이 넘는 오래된 기술이다. 설계도를 비롯해 여러 기술 자료가 도서와 논문 등에 많이 공개돼 있다. 인터넷에서도 구할 수 있을 정도다.

이 자료들을 잘 모아서 따라 하면 로켓 엔진을 만들 수 있을까?

한마디로 그것은 불가능하다. 그랬다면 북한의 장거리 로켓 발사에 미국이 그렇게 흥분하지도 않았을 것이고, 미사일기술통제체제MTCR 같은 규제도 쓸데없는 것이다.

공개되어 있는 자료들은 책 속의 지식일 뿐 실제 엔진의 구동과는 큰 차이가 있다. 항공기, 자동차용 엔진은 로켓 엔진 보다 더 많은 정보가 공개돼 있지만 실제로 이를 상용화한 나라가 극히 드문 것과 비슷하다. 지식이 있다고 다 개발할 수는 없다.

미국은 명실 공히 최고의 우주 선진국이다. 아폴로 달 탐사에 사용한 세계에서 가장 강력한 우주 발사체 새턴-V의 액체 로켓 엔진 F-1을 보유했었다. 이런 미국이 최근까지 러시아 엔진을 수입해 자국 위성을 발사하는데 썼다. 아폴로 달 탐사 프로젝트가 끝나고 F-1의 뒤를 잇는 후속 엔진을 개발하지 않았는데, 시간이 흐르면서 새로운 로켓 엔진을 개발하기가 벅찬 상황이 돼 버렸던 것이다.

새로운 발사체 엔진 개발은 수많은 시행착오와 축적의 시간이 필요하다. 세계적으로 누리호의 엔진과 동일하게 액체산소와 케로신등유 추진제를 사용하는 액체 로켓 엔진의 평균 개발 기간은 약 9년이다. 이미 오랜 세월 기술

축적과 시설, 인력 등 기반을 갖추고 있는 나라들에서 개발할 때 이 정도 시간이 걸린다.

미국의 로켓 기술을 전수받은 일본의 경우, 1983년 110톤 급 액체 엔진 LE-7 개발에 착수해 200초 연소 시험을 할 때까지 7년이 걸렸다. 이후 H-Ⅱ 로켓에 장착돼 실용화될 때까지 또 5년이 흘렀다. LE-7 엔진 하나를 총 개발하는데 걸린 기간은 12년에 달했다. 중국은 15년에 걸쳐 러시아 엔진인 RD-120을 업그레이드해 YF-100 엔진을 개발했다.

세계 발사체 개발 패러다임을 바꾸어 놓은 미국의 민간 산업체인 스페이스X는 이보다는 빠르게 엔진 기술을 확보했다. 그런데 스페이스X의 공동 설립자이면서 기술 책임자인 탐뮬러는 미국의 대형 방위산업체에서 로켓 엔진을 개발해 온 인물이다. 스페이스X가 사용하는 팔콘-9 발사체 엔진에는 수십 년 동안 축적되고 파생된 미국의 산업 기술과 부품이 밑바탕이 된 것이었다.

우리나라는 미국, 러시아, 일본, 프랑스, 중국, 인도 등에 이어 세계 7번째로 중대형 로켓 엔진 개발국이 됐다. 북한은 아직 75톤 급 이상 추력의 액체 엔진을 사용한 로켓을 발사한 적이 없다. 우리나라가 누리호 엔진[75톤 급]을 독자 개발했다는 사실은 국가적인 자긍심을 가져도 될 만한 일인 것이다.

대한민국 다누리,
달을 품다

한국 최초의 달 궤도선 다누리가 2022년 12월 26일, 달 임무 궤도인 달 고도 100km(±30km)에 안착했다. 대한민국이 세계 7번째 달 탐사 국가에 이름을 올리며 우주 탐사 역사를 쓰기 시작한 것이다. 다누리가 달에 도착해 우리에게 보내온 달 표면과 지구 촬영 사진은 우리에게 큰 감동을 주었다.

그러나 대한민국 우주 탐사의 문 역시 결코 쉽게 열리지 않았다. 다누리는 개발 과정에서 여러 우여곡절을 겪었다. 가장 큰 고비는 '무게'였다. 전력계와 구조계를 설계하며 최초 목표했던 것보다 무게가 무려 23%나 증가한 것이다.

발사 목표 시점을 2년 반 정도 앞둔 시점이었다. 연구진은 달라진 무게 때문에 모든 것을 조정해야 했다. 달까지 가는 과정에서 연료 소모가 더 커지기 때문에, 자칫 당초 계획한 임무 기간 1년을 미처 채우지 못할 수도 있었다. 연구진은 이 문제를 해결하기 위해 모든 것을 재검토하며 돌파구를 모색했다.

가장 중요한 것은 무거워진 다누리가 달로 향하는 과정에서 연료를 적게 써야 한다는 것이다. 고심 끝에 연구진이 선택한 방법은 궤도 수정이었다. 원래는 그동안 여러 달 탐사선이 선택하고 비교적 운용이 수월한 '위상 전이 궤적'을 이용할 계획이었다. 그러나 무거워진 다누리에는 더 이상 적합한 방법이 아니었다.

▲ 다누리가 촬영한 달 표면과 지구 ©한국항공우주연구원

대신 연구진은 태양과 지구, 달의 중력 작용을 이용해 연료를 거의 쓰지 않고 달에 다다를 수 있는 마법과 같은 방법, '탄도형 달 전이 궤적'에 도전하기로 했다. 장점이 분명했기 때문이다. 단, 실행할 수만 있다면 말이다.

검토 결과, 탄도형 달 전이에 성공한다면 연료를 25%까지 절감할 수 있다는 계산이 나왔다. 성공한다면 다누리가 임무 기간 단축 없이 달 탐사를 할 수 있게 되는 것이다. 다만 위상 전이 방식은 1달이면 달에 도착하지만, 탄도형 달 전이는 무려 4개월 이상 수차례 궤적을 수정하며 장기간을 비행해야 했다. 지구에서 태양 방향으로 156만 km 떨어진 곳까지 갔다가 다시 지구 방향으로 큰 리본 형태를 그리며 돌아와야 했다. 누적 이동 거리가

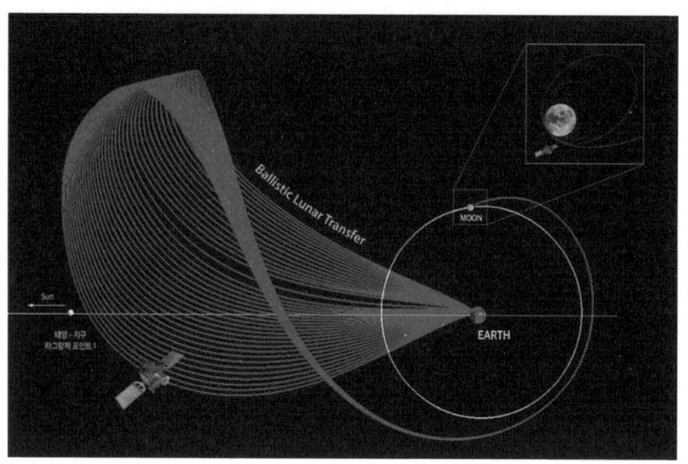

▲ 다누리 탄도형 달 전이 궤적 ©한국항공우주연구원

무려 600만 km에 달하는 고난도 궤적이다.

더구나 세계적으로 단 2번밖에 시도되지 않아서 참고할 자료도 거의 없었다. 5명에 불과한 궤도 연구진으로는 쉽사리 도전하겠다고 말하기 어려운 일이었다. 궤적 수정을 논의하던 초기 단계에 연구진들 내에서는 "도저히 할 수 없는 일이다"라는 좌절 섞인 목소리가 터져 나왔다.

하지만 다누리의 임무 완수에 초점을 맞춘 항우연은 그동안 축적한 기술과 연구진을 믿고 탄도형 달 전이에 도전하기로 결정했다. '탁월한 비밀 병기'란 뜻의 '비탁'팀을 구성하고 다누리의 탄도형 달 전이 궤적을 차근차근 설계하고 검증해, 마침내 다누리를 한 치의 오차 없이 달 궤도에 투입하는데 성공했다. 다누리가 달에 무사히 안착하면서 우리나라는 미국, 러시아, 중국, 일본, 유럽연합, 인도에 이어 달을 직접 탐사하는 세계 7번째 국가가 됐다.

다누리는 1년 동안 달 고도 100km의 임무 궤도를 돌며 탐사 임무를 수행한다. 다누리에는 달 표면을 정밀 촬영할 고해상도 카메라를 비롯해 광시야 편광 카메라, 자기장 측정기, 감마선 분광기, 우주 인터넷, 섀도우캠 등 6종의 과학장비가 탑재되어 있다. 이중 섀도우캠은 미국 NASA가 담당한 것인데, 일 년 내내 그림지가 드리워져 일반 카메라로는 촬영이 어려운 달의 영구 음영 지역을 촬영할 수 있는 장비다. 앞으로 NASA 아르테미스 프로그램의 탐사 지역을 미리 자세히 들여다보는 것이 목표다.

다누리에 NASA의 장비가 실렸다는 것은 큰 의미를 가진다. 우리가 섀도우캠을 탑재해 주고 NASA는 다누리와 교신할 수 있는 통신망을 제공한다. 이런 우주 강국과의 협업은 우리처럼 뒤늦게 출발하는 우주 탐사국에는 중요한 지름길이 된다. 짧은 시간에 많은 기술과 노하우를 확보할 수 있는 기회가 되기 때문이다.

밤 하늘의 달을 올려다보자. 거기에 대한민국 다누리가 있다. 물론 이는 시작이다. 대한민국은 2032년에 달에 착륙선을 보낼 계획이다. 다누리를 통해 대한민국 우주 탐사의 본격적인 서막이 오른 것이다.

SPACE BREAK

누리호 만든 사람들의 일상 … "영업하세요?"

매주 월요일 다소 이른 아침. 출근하기 바쁜 시간대지만 대전 한국항공우주연구원 발사체 개발 부서 건물 주차장에는 양손 가득 짐을 든 사람들이 삼삼오오 모여든다. 가족과 주말을 보내고 다시 전남 고흥의 나로우주센터로 향하는 연구진들이다.

나로호에 이어 한국형 우주 발사체로 추진 중인 누리호 개발 사업에는 항우연 연구진 약 250명이 참여하고 있다. 나로호 당시 180명에 비해 좀 늘었지만 벅찬 건 매한가지다. 누리호 개발이 진행될수록 이들이 나로우주센터에 머무는 시간은 더 늘어난다. 시험이 그곳에서 계속되기 때문이다. 집, 가족과 떨어져 지내야 하는 시간도 같이 늘어난다.

대전 한국항공우주연구원에서 전남 고흥 나로우주센터까지는 약 300km의 거리. 자동차로 네 시간 정도 걸린다. 도로 사정이 좋지 않아 전에는 꼬박 5시간을 달려야 했지만, 최근에 고속도로가 고흥까지 이어지면서 교통 사정은 전에 비해 훨씬 좋아졌다. 연구진들은 개인 차량을 이용해 매주 대전~고흥을 오간다. 부담을 덜기 위해서 팀을 이뤄 매주 차량을 번갈아 사용한다지만 차량 주행 거리가 급격히 늘어나는 건 어쩔 수 없다.

누적 운행 거리 때문에 웃지 못할 일도 있었다. 새 차를 산지 얼마 안 된 연구원이 차량 점검을 받으러 서비스센터에 들렀을 때 일이다. 누적 주행 거리를 확인한 직원이 "영업하세요?"라고 물었다. 출고된 지 얼마 안 된 차량 치고는 주행 거리가 너무 많았던 것이다.

월요일 아침 대전에서 나로우주센터로 출발한 차량들은 오후가 되어서야

속속 우주 센터에 도착한다. 주말 동안 고요했던 나로우주센터는 다시 활기를 띤다. 연구진들은 짐을 내려놓자마자 곧바로 업무를 시작한다. 혼자 하는 일이 아니라 팀 전체가 주어진 일정에 따라 움직여야 하다 보니 여유를 부릴 새가 없다. 매주 대전과 고흥을 오가는 생활이 벌써 수년째. 과거 해외 시험장을 빌려 쓸 때 짧게는 3~6개월, 길게는 1년씩 가족들을 만나지 못했던 것보다 훨씬 사정이 낫다며 위안을 삼아 보지만, 가족과 떨어진 생활은 쉽게 적응하기 어려운 일이다.

나로우주센터에서는 기숙사 생활을 한다. 방에는 침대, 책상, TV, 냉장고가 하나씩 갖춰져 있다. 집보다 오래 머무는 곳이지만 매 월요일 저녁 기숙사 방에 돌아올 때마다 느끼는 썰렁함은 어쩔 도리가 없다. 평소엔 1인 1실을 사용하지만 발사가 있을 때는 방이 모자라 3~4명이 한 방을 쓰기도 한다. 기숙사에 있다가 편의점에라도 들르려면 차로 10여 분을 가야 한다.

나로우주센터에서는 누리호 시험과 로켓 조립이 계속되고 있다. 별문제가 없으면 좀 쉴 틈이 있지만 시험, 조립 과정에서 문제가 생기거나 시험 결과에 이상이 보이면 늦게까지 야근이 계속된다. 기숙사가 나로우주센터에 같이 있다 보니 사실 퇴근이랄 게 없다. 시험이 있는 날이면 보통 기숙사 방에 돌아오는 시간이 밤 9~10시가 된다.

이런 일상만 보자면 발사체 연구진들의 삶은 고단하기 이를 데 없다. 그러나 이 모든 어려움을 이겨낼 수 있게 하는 단 한 가지, 바로 '꿈'이다. 내가 만든 발사체를 꼭 우주로 쏘아 올리고 싶은 꿈. 그 꿈을 이루기 위해 연구진들은 오늘도 달려가고 있다.

한국의 NASA,
항우연엔 어떤 사람들이?

한국의 NASA이자 우리나라 유일의 우주 개발 전문기관인 한국항공우주연구원에는 어떤 사람들이 있을까? 항우연 사람들을 알려면 항우연이 무엇을 하는 곳인지를 들여다 보면 된다.

항우연은 대한민국 정부가 필요한 항공우주 기술을 전문적으로 개발하는 곳이다. 로켓, 인공위성, 항공기를 만들고 운용한다. 아직 국내의 민간 기업체에서 하기 어려운 것들을 주로 개발한다. 그러다 보니 기술을 개발하는데 초점이 있다. 때로는 천문학에 관심을 가진 학생이 장래 희망으로 항우연 연구원을 꿈꾸지만, 사실 천문 연구 등 순수 우주 과학은 아직 항우연의 영역은 아니다. 때문에 항우연 사람들은 '과학자'라기보다 대부분 '공학자'다.

항우연 연구자들 중에는 어렸을 때부터 비행기나 로켓, 우주선 공학자가 꿈이었던, 하늘과 우주에 완전히 꽂혀 있는 사람들이 많다. 자기 일과 연구에 대한 열정으로 뭉쳐 있다. 자신이 하는 일이 직장 업무인지 '덕후'의 취미 생활인지 잘 구분되지 않을 정도로 '이상'과 '직업'이 합치된 박사들도 꽤 많다. 삼성전자나 현대자동차 같은 국내 최고의 대기업에서 일하다가 원래 자기 꿈을 찾아 온 연구원들도 있다.

연구원들의 전공은 아주 다양하다. 항우연이 개발하는 로켓,

인공위성, 항공기는 크고 복잡한데다 매우 정밀하면서 안전해야 하는 고난도의 복합기계 시스템이다. 개발에 필요한 지식의 범위가 상당히 넓다. 공력, 구조, 추진, 제어, 기계, 재료, 컴퓨터, 전기 전자, 전파, 통신 등 공학 계열 전공자 뿐 아니라 화학, 물리, 기상, 천문대기 등 과학 분야, 지리 정보, 교통, 탐사, 소프트웨어, 지구환경 시스템, 항공운항 등 응용 기술을 전공한 사람들도 함께 어울려 있다. 여러 이공계 계열 전공자들이 망라된 집합소다.

항우연은 전 직원 1,100여 명 중 약 70%가량이 연구원으로 배치되어 있다. 항공우주 고수들이 모인 국내 최대의 집단인 셈이다. 연구원은 최소 석사 이상의 학위를 갖춰야 하지만, 연구원 700여 명 중 65%가 박사 학위를 갖고 있다.

연구원들의 일상은 어떨까? 연구원에서 정한 근무 시간은 보통의 회사들처럼 9시에서 6시까지 근무를 원칙으로 한다. 하지만 꼭 이 시간을 맞출 필요는 없다. 소프트웨어 개발처럼 특정한 연구에 집중하는 연구원은 근무 시간을 유연하게 조정할 수 있다. 어느 날 밤샘 연구를 하게 되면 필요할 때 알아서 쉴 수 있다. 반면 발사체나 인공위성처럼 수년에 걸쳐 여러 분야의 많은 사람들이 톱니바퀴처럼 맞물려 일하게 되는 연구원들은 근무 유연성이 덜 하기도 하다.

연구원들 대부분 항우연 본원이 있는 대전에 삶의 터전을 두고 있고, 발사체와 항공 부문의 연구원들은 나로우주센터와 항공 센터가 있는 전남 고흥에서 근무하게 되는 경우도 많다.

항우연 연구원들은 다른 연구기관의 연구원들보다 상대적으로 큰 스트레스를 받는 것이 사실이다. 대부분의 연구가 적게는 수천억 원에서 많게는 2조 원에 가까운 혈세가 투입되는 사업인 데다, 발사에 실패하기라도 하면 고치거나 되돌릴 수도 없다. 아주 작은 부분의 고장이나 오류, 실수에도 전체의 실패로 귀결된다. 때문에 발사가 다가오면 연구원 개개인이 느끼는 부담감은 이루 말할 수없이 커진다.

하지만 그렇다고 이들이 자기 연구를 떠나거나 포기하는 법은 없다. 개발에 성공하고 꿈을 이루었다는 희열감과 성취감, 국가의 임무를 달성했다는 자부심은 스트레스를 모두 날려버릴 만큼 크고 만족스럽기 때문이다.

항우연에는 기관의 운영과 행정을 담당하는 행정직과 기술직, 기능직도 있다. 약 1,100여 명의 전체 인원 중 연구직을 제외한 30% 정도를 차지한다. 행정직과 기술직에도 석박사 이상 고급 인력들이 있다.

- 과학기술정보통신부 보도자료 〈우리가 독자 개발하여 최초 발사하는 한국형 발사체, '누리'〉(2018.9.3.)
- 교육과학기술부 보도자료 〈한국 최초 우주 발사체 이름 '나로' 선정〉(2009.5.10.)
- 48년 후 이 아이는 우리나라 최초의 인공위성을 쏘아 올립니다(최순달, 2005)
- 다목적실용위성 1호 개발 백서(한국항공우주연구원)
- 아리랑위성 2호 백서(한국항공우주연구원, 2009)
- 대한민국 우주문을 열다 우주센터 개발사업 백서(한국항공우주연구원, 2013)
- 나로호 개발 백서(한국항공우주연구원)
- 빅브라더를 향한 우주 전쟁(강진원, 2013)

우주의 문은 그냥 열리지 않았다

개정판 1쇄 발행 2023년 04월 26일

글쓴이 강진원 · 노형일
펴낸이 김왕기
편집부 원선화, 김한솔
디자인 푸른영토 디자인실

펴낸곳 **(주)푸른영토**
주소 경기도 고양시 일산동구 장항동 865 코오롱레이크폴리스1차 A동 908호
전화 (대표)031-925-2327 팩스 | 031-925-2328
등록번호 제2005-24호(2005년 4월 15일)
홈페이지 www.blueterritory.com
전자우편 book@blueterritory.com

ISBN 979-11-92167-17-6 03440